总策划／邢涛　主编／龚勋

中国孩子特爱看的

中国儿童百科全书

ZHONGGUO HAIZI TE AIKAN DE
ZHONGGUO ERTONG BAIKE QUANSHU

注音彩图版

宇宙探秘

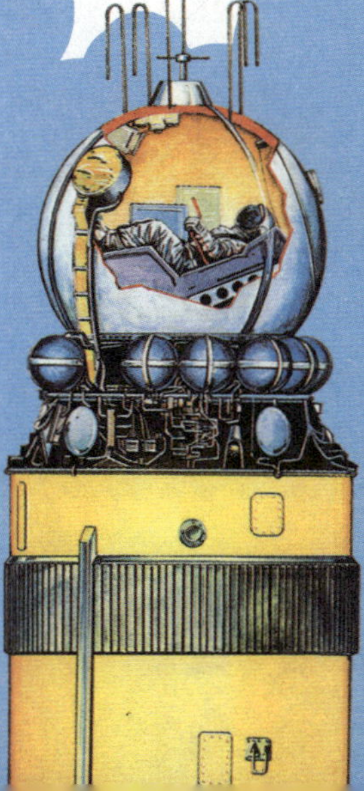

汕頭大學出版社

世界儿童基金会
林素富

tui jian xu

推荐序

原来，百科全书可以如此精彩而有趣！

孩子如果用不同类型的人来比喻不同类型的书，那么“百科全书”在许多家长和孩子眼里都会是一个须发皆白的老者，虽然满腹经纶，但那高高在上的工具书的面孔总会让人敬而远之，因此常常被束之高阁。而本套百科全书却更像一个带领孩子们去冒险的伙伴，伴随他们在知识的王国慢慢长大。

儿童的成长是积极地建构自身的过程。在这个过程中，主动学习知识比被动吸收信息对他们的身心发展更有益处，这种自主认知的内驱力将成为儿童提高、完善自我的动力之源。因此，寻找到一套能使孩子们爱不释手，同时又能在阅读过程中获益匪浅的书籍，将是父母们最感欣慰的事情。

本套百科全书正是这样一套依据儿童本位、符合儿童认知规律的优秀图书。它不同于传统意义上“大而全”的百科全书，不追求卷帙浩繁的大部头气派和道貌岸然的说教式姿态，而是以调动儿童阅读兴趣为出发点，以激发儿童求知欲、开启儿童智慧心门、培养儿童探索精神和创造性思维为编撰宗旨，在整体策划上呈现出知识性与趣味性相结合、互动交流的“授业解惑”与轻松愉快的阅读氛围相结合的全新形式。

丰富有趣的知识内容、灵活新颖的学习方式、快乐认知的阅读感受，将使孩子们在通向未来的旅程上信心满满，以富有创造精神的头脑迎接五彩缤纷的大千世界。

中国儿童教育研究所
陈勉

shen ding xu

审定序

将快乐学习进行到底！

每个孩子都是爱玩的，实际上，“玩”在他们的成长过程中是一种了解世界的学习方式。将严肃、枯燥、被动的说教式教育变为活泼、有趣、主动的快乐学习，对正处于生长发育期的幼儿来说非常有益，能使他们在玩中自然而然地将各种有用的知识收入囊中，最大限度地开发出个人潜能。

本套“中国孩子最爱看的中国儿童百科全书”正是在充分了解了儿童学习特点的基础上精心编撰而成的，内容选取儿童成长过程中最需学习、掌握的十类自然与人文百科知识，每一本都能有效地帮助他们建立起对整个世界的认识。同时，针对儿童容易分心的认知特点，本套书的编撰者们在版式设计上也别具匠心，突破了传统的图文互配的简单形式，将阅读主题通过制作精良、别开生面的场景图片展现出来，让孩子们边玩边学，培养起求知好学的兴趣，将各种百科知识充分吸收。

没有兴趣的强制性学习，只会扼杀孩子探求真理的天性，抑制他们智力的发展。因此，只有在保持儿童学习兴趣的基础上，才能充分调动起他们探索未知的勇气和信心。相信本套“中国儿童百科全书”在带给孩子新鲜的阅读感受的同时，也使他们积累了认识和开发世界所必需的知识，使美好的童年生活变得更加丰富，无比充实。

QIAN YAN
前言

太阳到底有多热？银河系里有什么？宇宙是怎么产生的？人类未来的家园是什么样子的？……面对着美丽而神秘的宇宙空间，孩子们的脑海中不断萦绕着这些问题。为了解答孩子们的这些疑问，我们在充分研究孩子的年龄特点和学习能力的基础上，编写了这本《宇宙探秘》。本书以浅显易懂、生动有趣的语言向孩子们讲解他们最想了解的问题，是他们开启宇宙知识大门的一把神奇的钥匙。

这本书里有三个可爱的卡通人物——布海帕、尤丽丝和叮当。他们是《宇宙探索报》的记者，小朋友们将会跟着他们去异彩纷呈的太阳系游览，去遥远的银河系和宇宙探险。最后，叮当还会为小朋友们介绍人类探索太空奥秘的过程。

每一章的最后，我们还为小读者准备了一份《宇宙探索报》，里面集中了本章中最精华的内容，让小朋友们感受一下“宇宙公民”的生活。

全书总共汇集六百多幅天文照片和手绘图，希望它们能和文字一起构建出一个形象的宇宙知识体系，让孩子们在图文并茂的世界里增长知识。我们衷心希望这本内容丰富、设计新颖的宇宙百科图书能够伴随着孩子们一起成长，成为他们跨入天文学殿堂的阶梯。

如何使用本书

小朋友们，这本《宇宙探秘》是专门为你们编写的。它分为“异彩纷呈的太阳系”、“神秘的宇宙与银河系”、“人类太空探秘的脚步”三章。每一个篇章的最后，都设置了一期《宇宙探索报》，按照报纸的体例讲述内容，相信可以带给小朋友们一份独特的感受。

书眉

双数页码的书眉标示出书名，单数页码标示每一章的名称。

主标题

本节主要知识内容的名称。

主标题说明

通过《宇宙探索报》记者的叙述，引出本节的主要内容。

中国儿童百科全书之宇宙探秘

néng chóng fù yòng de háng tiān fēi jī

能重复用的航天飞机

“载人飞船使用过一次就作废了，十分可惜。于……人类研制出了一种可以重复使用的航天飞机。那么……除此之外，航天飞机还有什么特别之处呢？”

■航天飞机的结构

航天飞机主要由三部分组成：带机翼的轨道器、外部推进剂箱和一对大型助推火箭。整个系统的起飞重量达2000吨，高56米。发射时，助推器和轨道器主发动机同时点火，起飞后约两分钟，助推火箭被抛弃并用降落伞降落，回收后再次使用。当推进剂消耗完时，航天飞机进入太空轨道，推进剂箱被抛弃。

美国的航天飞机

■功能多多

航天飞机是比载人飞船更加先进的太空飞行器。它集火箭、人造卫星和飞机的特点于一身，既能像火箭那样垂直发射进入空间轨道，又能像人造卫星一样在太空轨道中飞行，还能像飞机那样进入地球大气层后滑翔着陆，是一种多功能飞行器。

168

宇宙探索报

每一章后附一张《宇宙探索报》，大篇幅集中报道热点新闻。

篇章页

每一章都有介绍本章主要内容的文字，并辅以本章内具有代表性意义的图片，引导小读者快速了解与掌握全章的内容要点。

手绘原理图

根据文章内容，由相应学科专家参与、资深画家绘制的原理示意图。

图注

对图片信息进行详细解释。

辅标题

每一个具体知识点的名称。

辅标题说明

对这个知识点进行详细阐述。

宇宙魔法石

和本节内容相关的资料，对本节内容进行生动有趣的补充。

图片

与本节知识点相关的图片，可以使小朋友们对内容有更真切的认识。

目录 MULU

第一章

异彩纷呈的太阳系

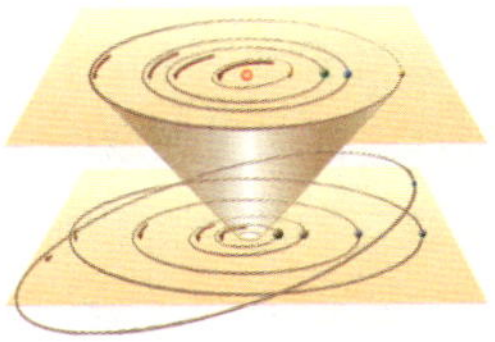

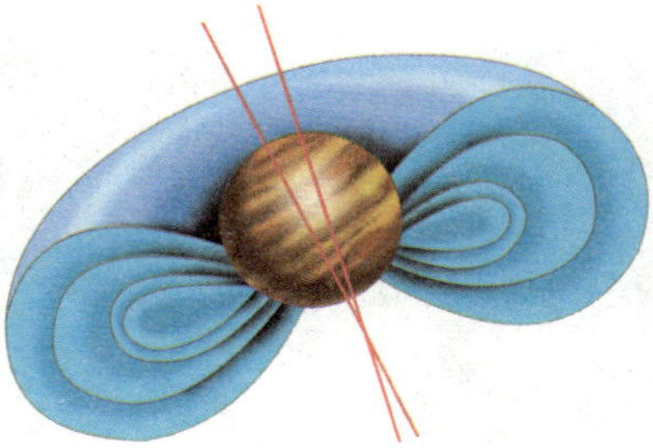

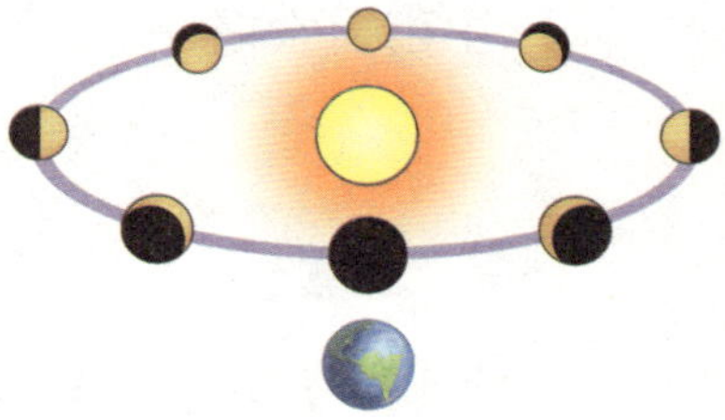

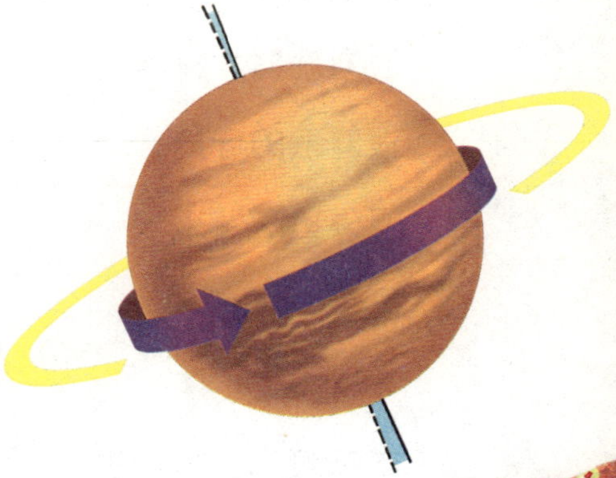

目录 MULU

第二章
神秘的宇宙与银河系

目录 MULU

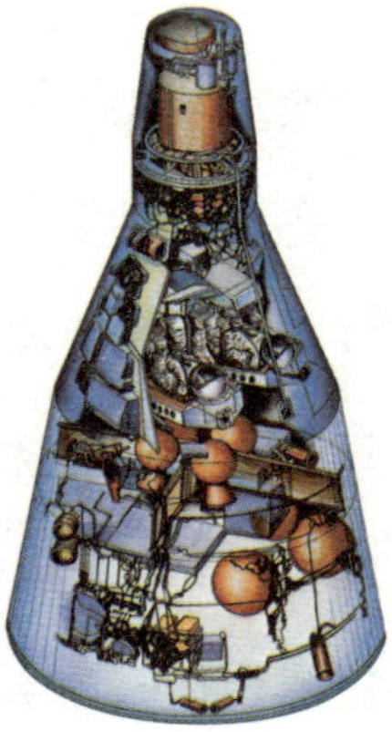

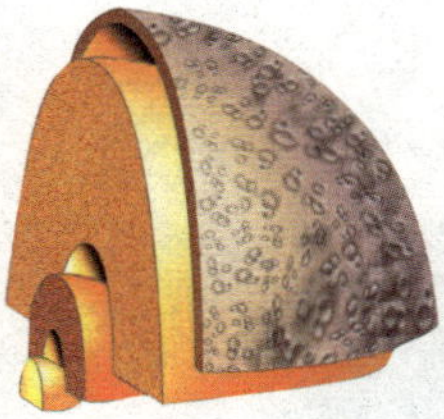

第一章

异彩纷呈的太阳系

tài yáng xì jiù xiàng shì yī ge rè nao de dà jiā tíng jiā tíng zhōng de
太阳系就像是一个热闹的大家庭。家庭中的
měi ge chéng yuán dōu yǒu zhe zì jǐ dú tè de miàn mào hé qí tè de xíng wéi
每个成员都有着自己独特的面貌和奇特的行为，
bǐ rú tài yáng zhǎng zhe xuàn lì duō cǎi de yǔ máo tǔ xīng dài zhe měi lì de
比如太阳长着绚丽多彩的“羽毛”，土星戴着美丽的
dà cǎo mào mù xīng chuān zhe wǔ guāng shí sè de tiáo wén wài yī xiǎo xíng
大草帽，木星穿着五光十色的条纹外衣。小行
xīng kě néng suí shí zhuàng xiàng dì qiú
星可能随时撞向地球……

yǔ zhòu tàn suǒ bào de tài yáng xì tè pài yuán bù hǎi pà jiē shòu zhǔ
《宇宙探索报》的太阳系特派员布海帕接受主
biān de rèn wu duì tài yáng xì jìn xíng le yī xì liè shēn rù de kǎo chá kàn
编的任务，对太阳系进行了一系列深入地考察，看
dào xǔ duō yǒu qù de xiàn xiàng xiǎo péng yǒu men rú guǒ nǐ men yě duì yì
到许多有趣的现象。小朋友们，如果你们也对异
cǎi fēn chéng de tài yáng xì chōng mǎn le hào qí nà me jiù ràng wǒ men gēn
彩纷呈的太阳系充满了好奇，那么就让我们跟
zhe bù hǎi pà yī qǐ kāi shǐ tài yáng xì de tàn mì zhī lǚ ba
着布海帕一起，开始太阳系的探秘之旅吧！

tài yáng xì dà jiā tíng
太阳系大家庭

zhǔ biān nín hǎo wǒ shì yǔ zhòu tàn suǒ
"主编，您好！我是《宇宙探索
bào tài yáng xì tè pài yuán bù hǎi pà cóng jīn tiān qǐ
报》太阳系特派员布海帕。从今天起，
wǒ jiāng kāi shǐ duì tài yáng xì jìn xíng yī xì liè de guān chá
我将开始对太阳系进行一系列的观察
bào dào xiàn zài wǒ jiù fā huí wǒ de dì yī qī bào dào
报道。现在，我就发回我的第一期报道。"

太阳系形成的四个阶段

太阳系中的行星示意图

热闹的大家庭

tài yáng xì shì yī ge chéng yuán zhòng duō de
太阳系是一个成员众多的
dà jiā tíng tài yáng jiù xiàng jiā lǐ
"大家庭"。太阳就像家里
de bà ba tā de hái zi zhǔ yào
的"爸爸"，他的孩子主要
yǒu shuǐ xīng jīn xīng dì qiú huǒ xīng
有：水星、金星、地球、火星、
mù xīng tǔ xīng tiān wáng xīng hǎi wáng
木星、土星、天王星、海王
xīng hé míng wáng xīng cǐ wài hái bāo kuò
星和冥王星，此外还包括
zhè xiē xíng xīng de wèi xīng hé qí tā xiǎo xíng
这些行星的卫星和其他小行
xīng liú xīng huì xīng děng děng tā men
星、流星、彗星等等，他们
dōu wéi rào zhe tài yáng xuán zhuǎn zhēn shì
都围绕着太阳旋转。真是
ge rè nao de dà jiā tíng ya
个热闹的大家庭呀！

宇宙魔法石

整个太阳系都处在不停地运动之中。它以每秒220千米的速度围绕着银河系中心旋转，大概2.26亿年就会绕银河系转一周。此外，太阳系在旋转的同时，还向着远离银河系的方向慢慢移动着。

"爸爸"的诞生

太阳系大家庭最重要的成员当然首推太阳"爸爸"。但是大约50亿年前，太阳系还只是一团缓慢旋转的气体云，太阳"爸爸"还没有诞生。后来由于引力的作用，气体云慢慢收缩，里面最致密的核心便形成了原始的太阳。

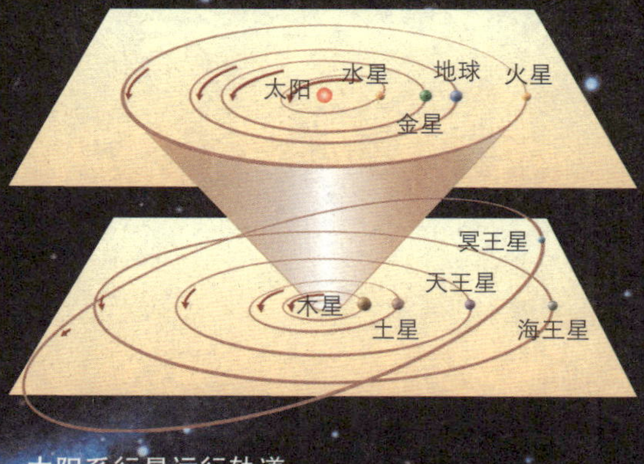

太阳系行星运行轨道

爱运动的家里人

太阳系大家庭中的每个成员都很爱"运动"，它们时时刻刻都处在高速转动中。太阳在中间做着自转运动，行星以及它们各自的卫星在自转的同时，还围绕着太阳进行公转。

家有多大

太阳系究竟有多大呢？如果把冥王星的轨道作为太阳系边缘的话，那么太阳系的最左边和最右边竟然距离整整120亿千米！即便驾驶世界上最快的飞机，也要足足走50000个昼夜呢！

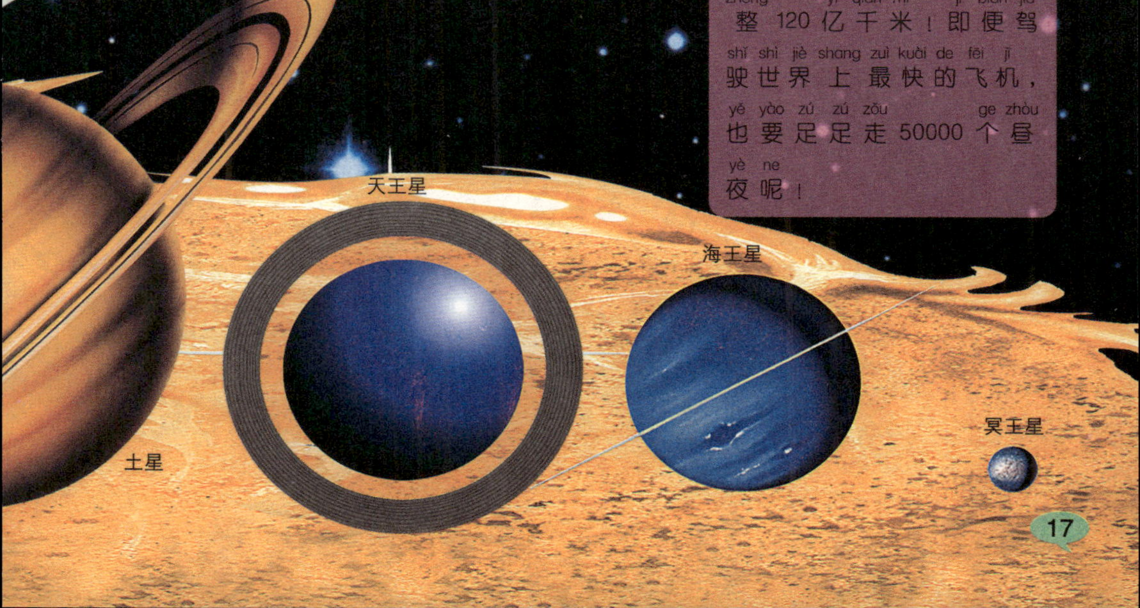

tài yáng kǎo chá bào gào
太阳考察报告

zhǔ biān nín hǎo wǒ shì yǔ zhòu tàn suǒ bào
“主编，您好！我是《宇宙探索报》
tài yáng xì de tè pài yuán bù hǎi pà wǒ yǐ jīng tíng kào zài
太阳系的特派员布海帕，我已经停靠在
tài yáng fù jìn de guǐ dào shang xiàn zài
太阳附近的轨道上，现在
xiàng nín fā huí xiàn chǎng
向您发回现场
bào dào
报道！”

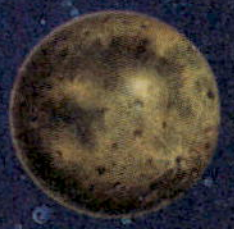

我被太阳烤焦了

tài yáng shì yí ge dà huǒ qiú tā
太阳是一个“大火球”，它
de biǎo miàn yǒu ér zhōng xīn wēn
的表面有6000℃，而中心温
dù gèng shì biǎo miàn de wàn bèi zhè
度更是表面的30万倍。这
shì yīn wèi tài yáng yóu qīng qì tǐ zǔ chéng
是因为太阳由氢气体组成，
qīng bú duàn bào zhà xiàng wài shì fàng guāng
氢不断爆炸向外释放光
hé rè ér zhè zhǒng jù dà de rè liàng
和热，而这种巨大的热量
zú yǐ bǎ rèn hé dōng xi kǎo jiāo
足以把任何东西烤焦！

宇宙魔法石

太阳自身一直在不停地旋转，但其内核和表层的自转速度并不一样。据一个全球性太阳观测网发现，太阳的表层大约25天～35天转一圈，而内核则大约27天转一圈。

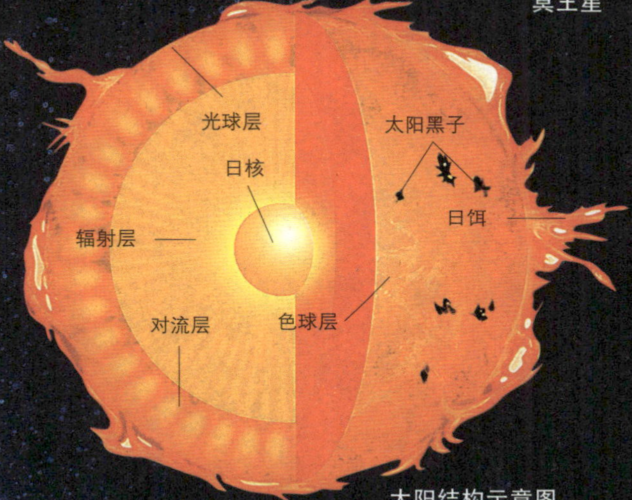

太阳结构示意图

太阳的结构

太阳可以分成内外两部分：外面的部分由内到外依次是光球层、色球层和日冕层，它们统称为太阳的大气层；里面的部分由内到外依次是日核、辐射层和对流层，其中日核占太阳总质量的一半，并且是太阳99%的能量来源。

太阳多大了

从出生算起到现在，太阳已经整整50亿岁了。即便如此，它还只是处于中年期，再活上50亿年是没有问题的。不过，50亿年后，太阳这个“大火球”就会熄灭，不再发光发热了。

太阳也“发抖”

太阳有一个很有趣的现象，那就是大约每隔五分钟，太阳表面的气体和太阳自身就会进行一次周期性振荡，看起来像在“发抖”一样，这种现象被称为“日震”。

fā guāng biǎo miàn guāng qiú céng
发光表面——光球层

zhǔ biān tài yáng biǎo
“主编，太阳表
miàn de guāng qiú céng yǒu xǔ duō dú
面的光球层有许多独
tè de xiàn xiàng yīn cǐ wǒ men xuǎn
特的现象，因此我们选
zé tā zuò wéi xià yí ge bào dào duì xiàng ràng wǒ men
择它作为下一个报道对象，让我们
de xiǎo dú zhě kàn dào yí ge duō zī duō cǎi de tài yáng
的小读者看到一个多姿多彩的太阳！”

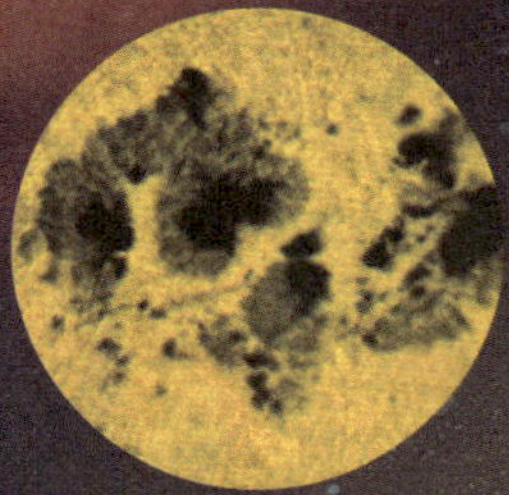

光球层上的米粒组织

活跃的光球层

guāng qiú céng shì tài yáng dà qì zuì lǐ miàn de yì céng tā dà yuē hòu
光球层是太阳大气最里面的一层。它大约厚500
qiān mǐ píng jūn wēn dù yuē wéi tài yáng de fú shè jī běn shang dōu shì
千米，平均温度约为6000℃，太阳的辐射基本上都是
cóng zhè lǐ fā chū de zài tài yáng xì de yí ge xíng xīng dì qiú shàng
从这里发出的。在太阳系的一个行星——地球上
miàn rén lèi néng gòu kàn dào de tài yáng yuán miàn jiù shì guāng qiú céng
面，人类能够看到的太阳圆面，就是光球层。
tài yáng hēi zǐ mǐ lì zǔ zhī děng xiàn xiàng jiù fā shēng zài zhè lǐ
“太阳黑子”、米粒组织等现象就发生在这里。

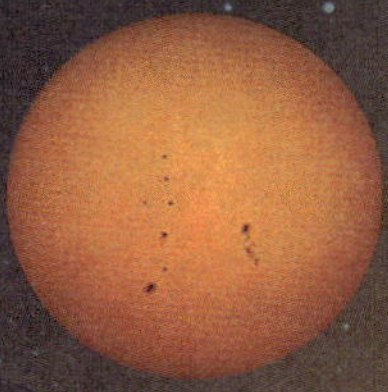

光球层上会有“太阳黑子”现象。

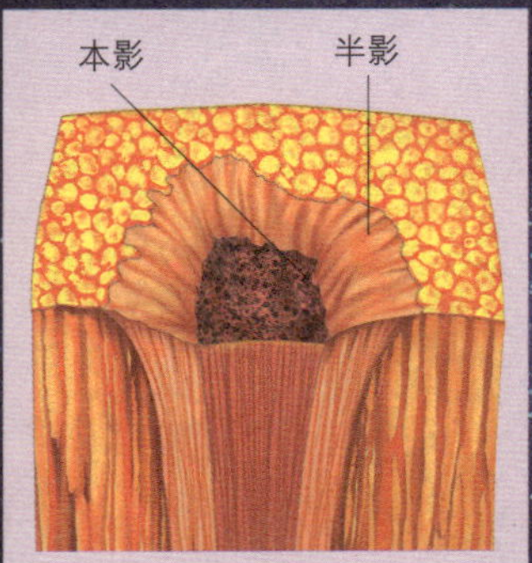

太阳黑子结构示意图

太阳脸上长雀斑了

tài yáng de liǎn shang shí bù shí huì zhǎng chū yì xiē xiǎo què bān tā
太阳的脸上时不时会长出一些“小雀斑”，它
men jiào zuò tài yáng hēi zǐ qí shí tài yáng hēi zǐ bìng bù hēi
们叫做“太阳黑子”。其实太阳黑子并不黑，
tā men shì tài yáng guāng qiú céng shang xiāng dāng míng liàng de qì tǐ xuán
它们是太阳光球层上相当明亮的气体旋
wō zhǐ shì bǐ zhōu wéi qū yù de wēn dù dī suǒ yǐ kàn shàng qù xiàng
涡，只是比周围区域的温度低，所以看上去像
yí gè ge xiǎo hēi diǎn tài yáng hēi zǐ de shù mù huì shí duō shí shǎo
一个个小黑点。太阳黑子的数目会时多时少，
yì bān yǐ nián wéi yí ge zhōu qī
一般以11年为一个周期。

太阳上的“小米粒”

除了“雀斑”外，太阳的脸上还会长一些密密麻麻的斑点，很像是一颗颗的米粒，叫作“米粒组织”。其实它们也是太阳光球层上的一种太阳活动，发生米粒组织的地方，温度要比其他区域高300℃~400℃，而且亮度也比其他区域亮10%~20%，并能持续5~10分钟。

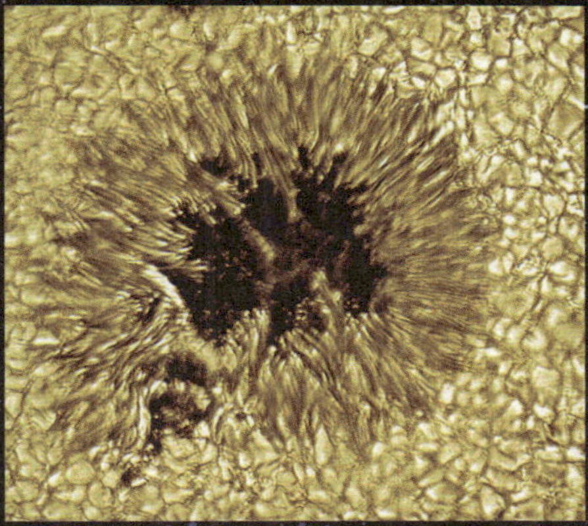

太阳黑子和米粒组织

美丽的“蝴蝶图”

太阳黑子出现的时间和数量并不平均。有的年份黑子多，有的年份黑子少，最多的时候可达100多个。太阳黑子从最多（或最少）的年份到下一次最多（或最少）的年份，大约相隔11年。科学家绘制出这一个周期的太阳黑子分布图，发现分布图的形状就像一只蝴蝶，于是就把它命名为Maunder蝴蝶图。如果把几个周期的太阳黑子分布图绘制在一起，那么一群翩翩起舞的蝴蝶便跃然纸上。

宇宙魔法石

当太阳黑子的数量急剧增多或减少时，地球上的气候都会受到影响。比如在1645年～1715年之间，太阳黑子数量极少，于是，地球上的北欧地区经历了一段非常寒冷的时期，也就是著名的小冰期。

tài yáng de méi gui sè wài yī
太阳的玫瑰色外衣

wǒ tài yáng xì de tè pài yuán bù hǎi pà yòu
“我，太阳系的特派员布海帕又
yǔ dà jiā jiàn miàn le zhè yī cì wǒ yào jiè shào
与大家见面了。这一次，我要介绍
yī xia tài yáng de sè qiú céng sè qiú céng shì tài yáng
一下太阳的色球层。色球层是太阳
dà qì céng de zhōng jiān yī céng zhuàng guān de rì ěr
大气层的中间一层，壮观的日珥
hé yào bān shì sè qiú céng dú yǒu de xiàn xiàng
和耀斑是色球层独有的现象！”

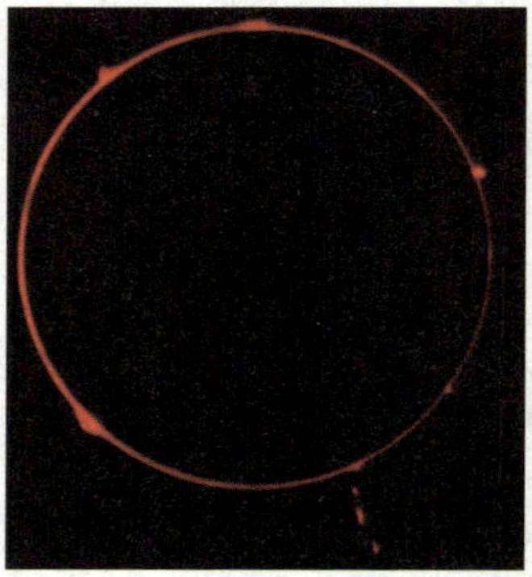
日食时可以看到太阳美丽的色球层。

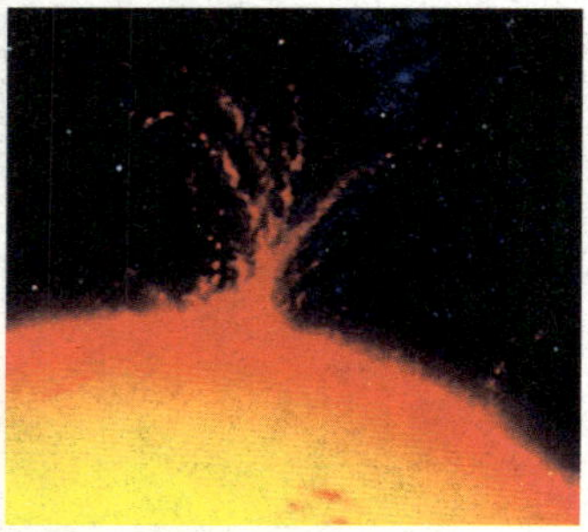
日全食时，日珥清晰可见。

难得一见的色球层

měi dāng fā shēng rì quán shí de shí hou dì qiú shang de rén lèi huì kàn dào
每当发生日全食的时候，地球上的人类会看到
tài yáng de méi gui sè guāng huán nà jiù shì nán dé yī jiàn de sè qiú
太阳的玫瑰色光环，那就是难得一见的色球
céng sè qiú céng zài guāng qiú céng de wài miàn dà yuē hòu qiān mǐ
层。色球层在光球层的外面，大约厚2000千米。
tā de wēn dù biàn huà hěn dà kě yǐ cóng xià bàn bù fen de xiàng
它的温度变化很大，可以从下半部分的4600℃向
shàng zhú jiàn zēng jiā dào jǐ bǎi wàn shè shì dù
上逐渐增加到几百万摄氏度。

太阳上的“喷泉”

tài yáng de sè qiú céng shang cháng cháng huì cuàn chū yī shù shù huǒ pēn quán tā shì rì ěr de
太阳的色球层上常常会窜出一束束火“喷泉”，它是日珥的
yī zhǒng rì ěr yǒu sān zhǒng xíng tài níng jìng shì huó yuè shì hé bào fā shì níng
一种。日珥有三种形态：宁静式、活跃式和爆发式。宁
jìng shì rì ěr suī rán huó dòng bù jù liè dàn shòu mìng què cháng dá yī nián
静式日珥虽然活动不剧烈，但寿命却长达一年；
huó dòng shì de rì ěr zǒng zài bù tíng biàn huà shí ér xiàng pēn quán yī
活动式的日珥总在不停变化，时而像喷泉一
yàng pēn qǐ shí jǐ wàn qiān mǐ rán hòu yòu màn màn de luò huí
样喷起十几万千米，然后又慢慢地落回
dào tài yáng biǎo miàn bào fā shì rì ěr zé bù duō jiàn
到太阳表面；爆发式日珥则不多见。

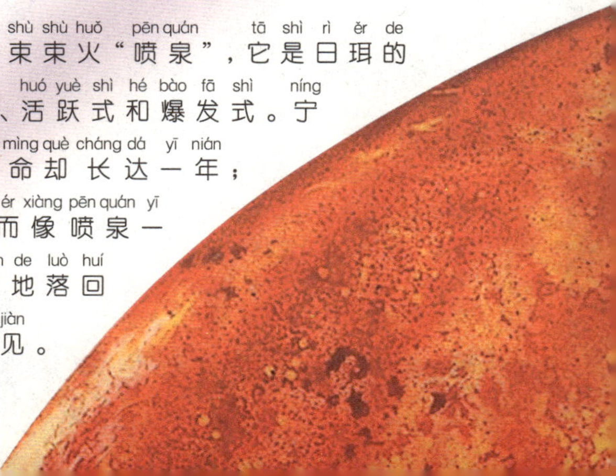

壮观的大拱桥

爆发式日珥虽然少见，但爆发时却相当震撼人心。色球层上突然升腾起一股红色的火柱，喷发到几十万甚至上百万千米的高空，然后大火柱在太阳磁场的影响下，顺着磁场的方向渐渐弯曲、下落，形成一座拱桥横架在太阳的表面，十分壮观！这样大规模的爆发式日珥活动一般可以持续几小时甚至几天的时间呢！

爆发式日饵形成的拱桥

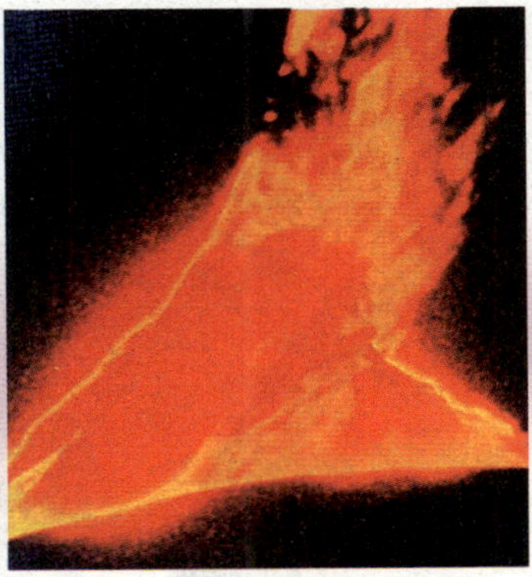

巨大的火舌由太阳表面隆起，这就是耀斑。

太阳脸上还有“大斑点”

太阳的表面有时还会突然出现一些白色、闪亮的区域，就像是太阳脸上的“大斑点”，科学家叫它们“耀斑”，又叫做色球爆发。耀斑是太阳色球层中最剧烈的活动，耀斑爆发持续的时间虽然不长，但却能释放出巨大的能量。相当于地球上十万甚至上百万强火山爆发时释放出的能量。

宇宙魔法石

耀斑具有非常强大的力量。它爆发时，巨大的能量常常会使地球上的电视台、广播电台受到干扰甚至信号中断，还有可能导致太空中的人造卫星和其他航天器出现问题。

tài yáng shang guā fēng le
太阳上刮风了

gè wèi dú zhě dà jiā hǎo wǒ xiàn
“各位读者，大家好！我现
zài lái dào le tài yáng de zuì wài céng
在来到了太阳的最外层——
rì miǎn céng zài zhè yī céng shang tài yáng
日冕层。在这一层上，太阳
de huó dòng yī rán hěn jù liè tài yáng fēng jí
的活动依然很剧烈，太阳风、极
guāng jí yǔ děng xiàn xiàng jīng cháng chū xiàn
光、极羽等现象经常出现。”

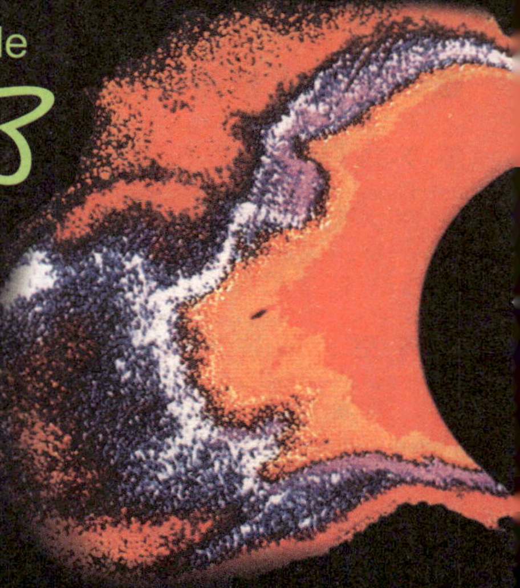
厚达上百万千米的日冕

太阳最外层的日冕

rì miǎn shì tài yáng dà qì céng de zuì wài céng hòu dù dá jǐ bǎi
日冕是太阳大气层的最外层，厚度达几百
wàn qiān mǐ yǐ shàng wēn dù yě fēi cháng gāo zhǔ yào yóu yì xiē
万千米以上，温度也非常高，主要由一些
ròu yǎn kàn bú dào de dài diàn de qì tǐ lì zǐ zǔ chéng rì miǎn
肉眼看不到的带电的气体粒子组成。日冕
dà yuē kě yǐ fēn wéi nèi miǎn zhōng miǎn wài miǎn sān céng rì miǎn
大约可以分为内冕、中冕、外冕三层。日冕
zhōng nà xiē dà piàn de xíng zhuàng bù guī zé de hēi àn de dì
中那些大片的、形状不规则的黑暗的地
fang jiào zuò miǎn dòng
方，叫作冕洞。

宇宙魔法石

当发生日全食的时候，“黑太阳”的周围有时会长出一簇簇美丽的白色羽毛，这些羽毛叫作“极羽”。这是因为在日全食发生时，太阳大气层中最外层的日冕就会暴露出来，表现为羽毛似的形状。

漂亮的“极羽”

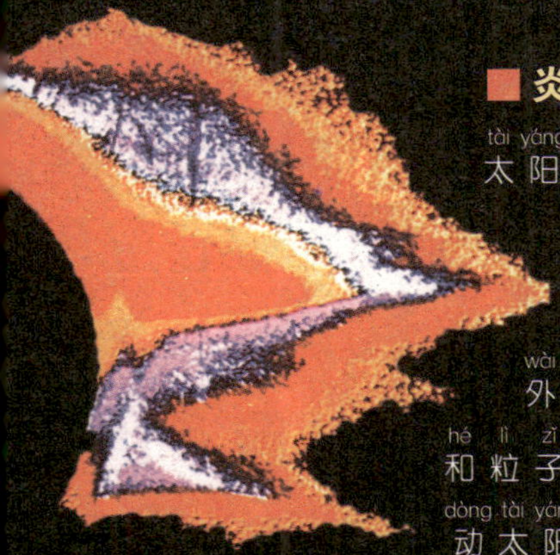

炎热的太阳风

太阳上也会刮风，但这种风不但不凉快反而非常热，温度竟然高达10万～15万℃！这就是太阳风。其实，太阳风是从日冕的冕洞里向外喷射出的粒子流。根据喷射出的粒子流速度和粒子数量，太阳风可以分为“持续太阳风”和“扰动太阳风”两种。

绚丽的极光

当太阳风经过太阳系的其他行星，比如地球的北极和南极时，地球两极高空的大气受到太阳风的激发会发出各种颜色的光，它们有的像彩虹，有的像火焰，绚丽多姿，这就是极光。除了地球以外，木星的两极也会出现这样漂亮的极光。

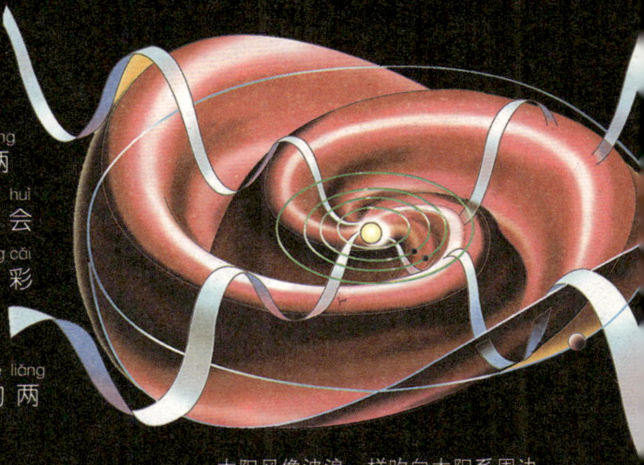

太阳风像波浪一样吹向太阳系周边。

绚丽的极光

低层大气的爆炸——闪焰

地球上的人类有时会看到，太阳上面突然出现了一块特别明亮的地方，接着在几分钟内达到最明亮的程度，然后慢慢衰退下去，和耀斑的爆发十分相似。但它并不是耀斑，而是太阳低层大气的爆炸现象，叫做闪焰。

ā tài yáng bèi dǎng zhù le
啊，太阳被挡住了

nǐ men zhī dào ma tài yáng hái yǒu yī ge hěn yǒu qù
“你们知道吗，太阳还有一个很有趣
de xiàn xiàng jiào rì shí dì qiú shang de rén lèi yǒu shí zài
的现象，叫日食。地球上的人类有时在
dà bái tiān huì kàn dào hóng tài yáng biàn chéng le hēi tài yáng tiān
大白天会看到红太阳变成了黑太阳，天
kōng hái chū xiàn le xīng xing zhè jiù shì rì shí xiàn zài jiù
空还出现了星星，这就是日食。现在，就
ràng wǒ bù hǎi pà lǐng zhe dà jiā yī bǎo yǎn fú ba
让我布海帕领着大家一饱眼福吧！”

日全食刚开始或结束时，太阳像是一个大钻戒，这种现象被称为“钻石效应”。

日食的奥秘

rì shí de fā shēng hé tài yáng dì qiú yuè qiú de yùn dòng yǒu guān yuè
日食的发生和太阳、地球、月球的运动有关。月
qiú wéi rào zhe dì qiú yùn dòng dì qiú yòu hé yuè qiú yī qǐ rào zhe tài
球围绕着地球运动，地球又和月球一起绕着太
yáng zhuàn dòng dāng yuè qiú yùn xíng dào dì qiú hé tài yáng zhī jiān sān zhě
阳转动。当月球运行到地球和太阳之间，三者
chéng le yī tiáo zhí xiàn shí yuè qiú zhē zhù le tài yáng dì qiú shang de rén
成了一条直线时，月球遮住了太阳，地球上的人
men jiù huì kàn dào rì shí le
们就会看到日食了。

太阳被月球遮住了。

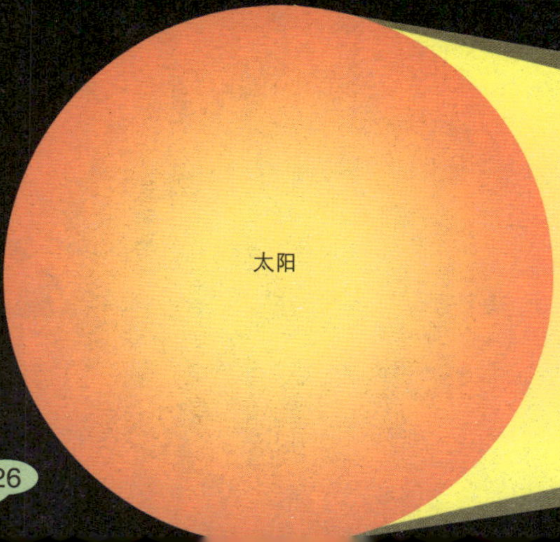

宇宙魔法石

地球上西部地区的人总是比东部地区的人先看到日食。因为月球是由西向东运行，所以当地球上西部地区的人已经看到日食时，东部地区的人却还什么都没有观测到呢。

日食有几种

日食发生时有三种情况：日全食、日偏食和日环食。如果月亮只遮住了太阳的一部分叫日偏食，当月亮把太阳的中心部分遮住的时候，就出现了日环食。

罕见的日全食

罕见的日全食

日全食是非常奇特的景象。如果日全食发生在晴朗的日子里，人们就会看到：一个黑影从太阳的西边慢慢遮来，被遮住的太阳的面积越来越大，渐渐地，整个太阳都被遮住了，大地一片漆黑，天上甚至出现了星星。但很快，太阳西侧的边缘又开始露出光芒，大地又重现光明。

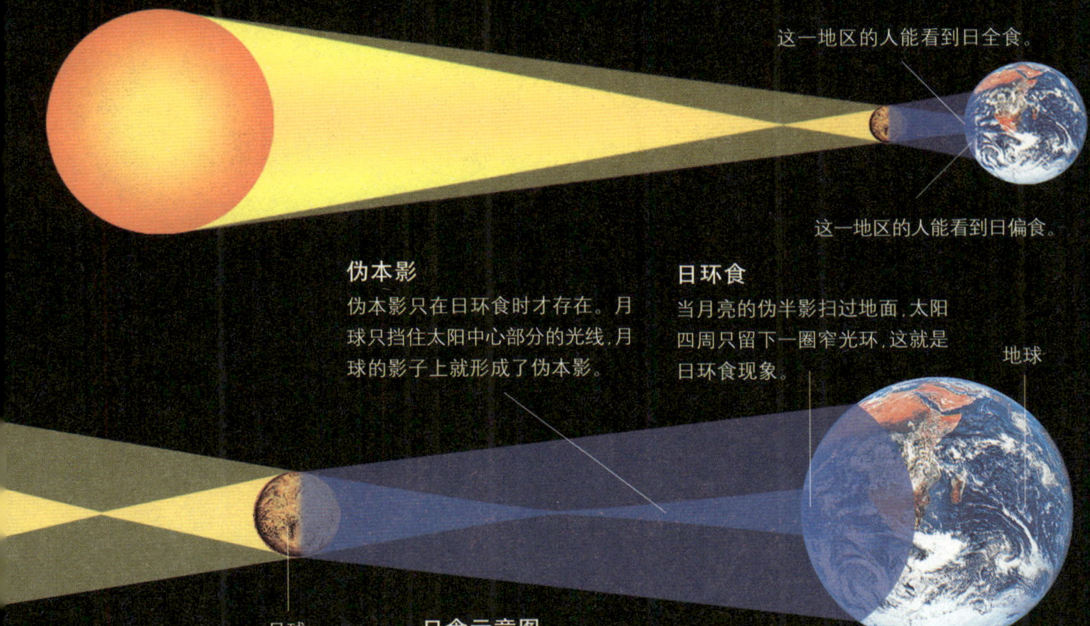

日食示意图

流星撞击水星。

méi yǒu shuǐ de shuǐ xīng
没有水的水星

zhǔ biān duì tài yáng de bào dào jié shù le wǒ men
“主编，对太阳的报道结束了。我们
kāi shǐ xiàng tài yáng xì zhōng lí tài yáng zuì jìn de xíng xīng
开始向太阳系中离太阳最近的行星——
shuǐ xīng chū fā shuǐ xīng jiù shì chōng mǎn le shuǐ de xíng xīng
水星出发！水星就是充满了水的行星
ma ràng wǒ men mǎ shàng qù kàn kan ba
吗？让我们马上去看看吧！”

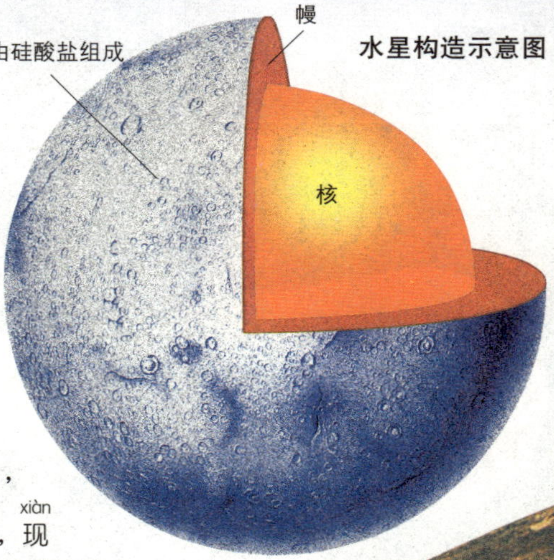

水星构造示意图

水星的构造

shuǐ xīng de gè tóur hěn xiǎo tā de zhí jìng zhǐ yǒu
水星的个头儿很小，它的直径只有
qiān mǐ shuǐ xīng gè tóur suī xiǎo dàn tā què
4878千米。水星个头儿虽小，但它却
yǒu yī ge shí fēn chén zhòng de jīn shǔ hé yīn
有一个十分“沉重”的金属核。因
wèi jù lí tài yáng hěn jìn shuǐ xīng zài xíng chéng shí
为距离太阳很近，水星在形成时，
zhǐ yǒu zuì nài rè de wù zhì cái néng bì miǎn bèi tài yáng
只有最耐热的物质才能避免被太阳
róng huà ér yī xiē yǐ jīng bèi róng huà le de wù zhì
融化。而一些已经被融化了的物质，
jiù chén jiàng dào shuǐ xīng de hé xīn li qù le suǒ yǐ xiàn
就沉降到水星的核心里去了。所以，现
zài de shuǐ xīng chú le hé xīn zhī wài biǎo miàn zhǐ yóu yī céng báo báo
在的水星除了核心之外，表面只由一层薄薄
de yán shí fù gài zhe
的岩石覆盖着。

宇宙魔法石

水星的表面看起来就像一个没有水分的干苹果，皱巴巴的。原来在几十亿年前，水星的核心冷却并进行了收缩，于是水星就变瘦了，原本合身的外套——地壳也只好跟着缩水，并开始起褶皱了。

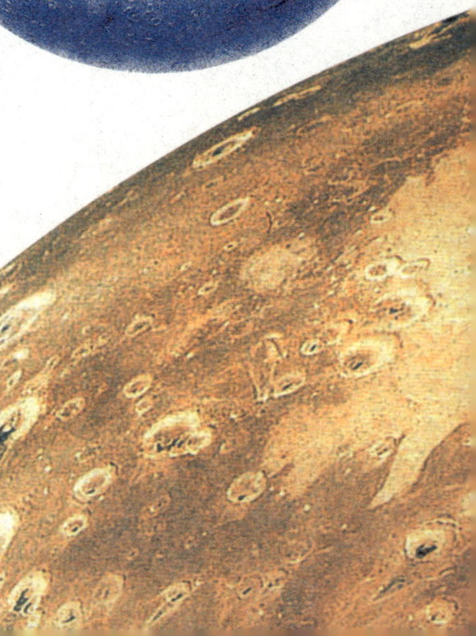

没有水的水星

水星是距离太阳最近的一颗行星。在太阳火辣辣的照射下，水星的表面热极了，温度高达450℃，这个温度甚至可以把铁、锡等金属融化。所以，水星的表面怎么可能有水呢！

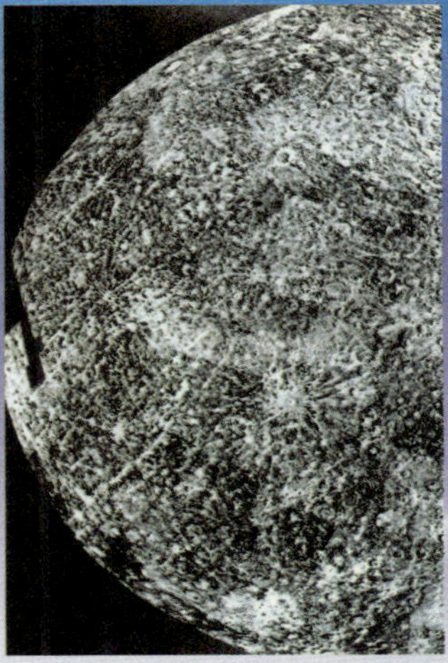

水星的表面千疮百孔。

水星，快跑！

水星的轨道呈椭圆形，水星在轨道上不停地绕着太阳“奔跑”着。当跑到离太阳较近的地方时，水星的速度会突然加快。这是因为，在距离太阳较近的时候，太阳对水星的引力会加大，只要水星跑得稍微慢一些，太阳就会把它拉过去，将它烧为灰烬。

古希腊人称水星为传说中为众神送信的信使——赫尔墨斯。

爱和地球人捉迷藏的水星

在太阳系的所有行星中，水星最爱和地球人玩捉迷藏。因为它离太阳最近，加上自己又不够明亮，常常被太阳的光芒所遮盖，所以在地球上人类很难观测到它。据说，天文学家哥白尼就因为始终没有看到过水星而遗憾终生呢！

干枯的水星表面

云雾茫茫的金星

“告别了水星，我的新闻飞船接着向更远处飞去。没过多久，我的眼前就出现了一个覆盖着厚厚云层的行星——金星。现在，我们就开始对金星进行报道。”

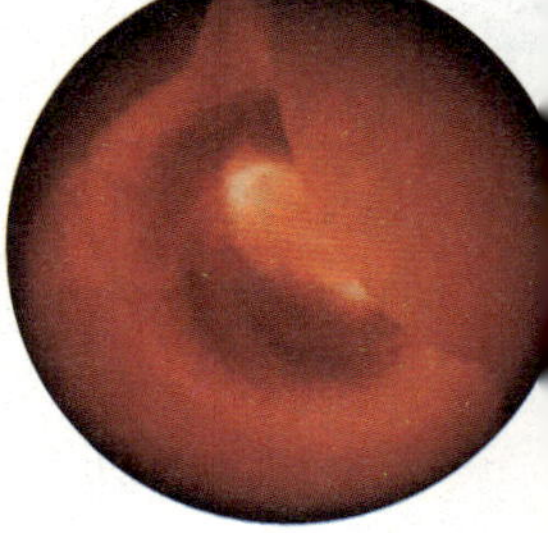

红外线照片中，金星的北极覆盖着厚厚的云层。

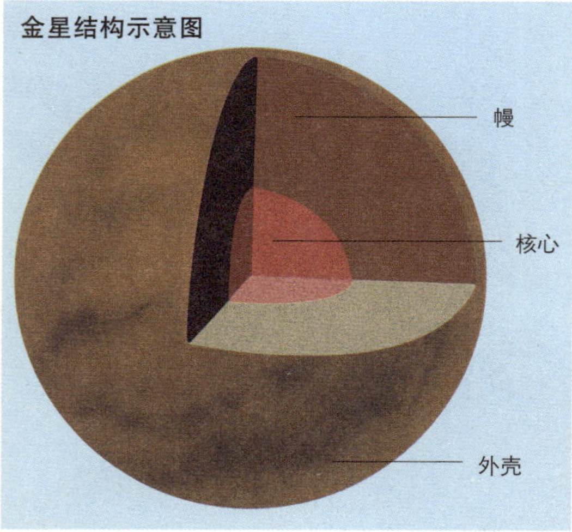

金星上的山脉

金星上布满了大大小小近1000多座火山，还有许多起伏平缓的山脉，以及少量的环形山，其余的则是略有起伏的平地或洼地。金星上最高的山是麦斯威尔山脉，它比地球上的珠穆朗玛峰还要高两千米呢！

金星玛亚特山附近的地形

能压扁人的大气层

金星有厚厚的大气层，这层大气给金星表面施加了很大的压力，是地球表面压力的90倍。我们可以想象，如果一个没有采取任何防护措施的地球人来到金星的话，一定会被压扁的！

“启明星”、“长庚星”

dì qiú shang de rén lèi zài měi tiān rì chū qián huì zài dōng
地球上的人类在每天日出前，会在东
fāng de tiān jì kàn dào yī kē hěn liàng de xīng xing nà jiù shi
方的天际看到一颗很亮的星星，那就是
jīn xīng tā de chū xiàn yù shì zhe tiān kuài liàng le suǒ yǐ
金星。它的出现预示着天快亮了，所以
tā bèi chēng wéi qǐ míng xīng dào le bàng wǎn jīn xīng
它被称为“启明星”；到了傍晚，金星
yòu huì dì yī ge chū xiàn zài xī fāng de tiān biān yù shì zhe
又会第一个出现在西方的天边，预示着
hēi yè jiàng lín suǒ yǐ tā yòu bèi chēng wéi cháng gēng xīng
黑夜降临，所以它又被称为“长庚星”。

傍晚的长庚星

金星凌日

jīn xīng jù lí tài yáng bǐ dì
金星距离太阳比地
qiú jìn suǒ yǐ zài jīn xīng rào
球近，所以在金星绕
zhe tài yáng gōng zhuàn de guò chéng
着太阳公转的过程
zhōng měi cì jīn xīng jīng guò dì qiú hé tài
中，每次金星经过地球和太
yáng zhī jiān dì qiú shang de rén lèi dōu huì kàn dào tài yáng
阳之间，地球上的人类都会看到太阳
shang yǒu yī ge xiǎo hēi diǎn zài yí dòng zhè jiù shì jīn xīng
上有一个小黑点在移动，这就是金星
líng rì xiàn xiàng
凌日现象。

金星凌日示意图

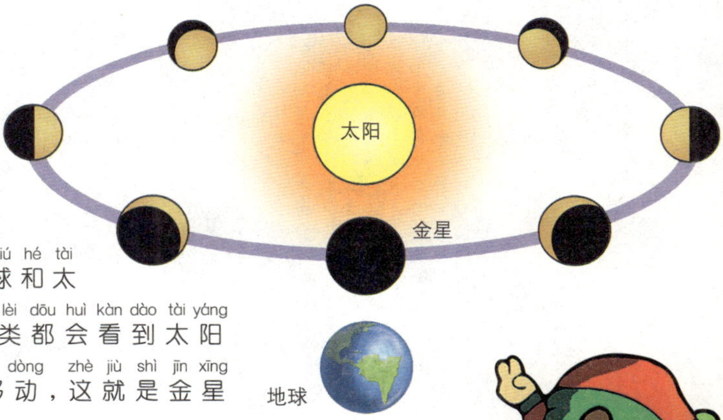

宇宙魔法石

金星上常常有惊心动魄的放电现象。有一次，竟然出现了持续 15 分钟的特大闪电，这在地球上是从来没有过的哦！

xīn wén jiāo diǎn lán sè de dì qiú
新闻焦点：蓝色的地球

zhǔ biān nín hǎo wǒ zhèng zài kào jìn tài yáng xì zhōng de lìng yī ge xíng xīng dì qiú zhè shì tài yáng xì zhōng wéi yī yī kē yǒu shēng mìng de xīng qiú wǒ men de xīn wén jiāo diǎn jiāng duì zhǔn tā wèi tā zuò yī xì liè de bào dào

“主编，您好！我正在靠近太阳系中的另一个行星——地球。这是太阳系中唯一一颗有生命的星球，我们的新闻焦点将对准它，为它做一系列的报道。”

地球形成示意图

美丽的地球

地球的诞生

dà yuē zài yì nián yǐ qián yī céng yún wù zhuàng de qì tǐ hé huī jìn zài zhòng lì zuò yòng zhī xià xíng chéng le yī ge gù tài qiú tǐ zhè jiù shì zuì chū de dì qiú cǐ hòu dì qiào bù duàn fā shēng jī liè de yùn dòng yán shí dì qiào hǎi yáng jí dà qì céng zhú yī xíng chéng dà yuē yì nián qián dì qiú de dà lù bǎn kuài bù duàn de biàn qiān zhōng yú xíng chéng le xiàn zài de dì qiú

大约在46亿年以前，一层云雾状的气体和灰烬在重力作用之下形成了一个固态球体，这就是最初的地球。此后地壳不断发生激烈的运动，岩石、地壳、海洋及大气层逐一形成。大约2亿年前，地球的大陆板块不断的变迁，终于形成了现在的地球。

宇宙魔法石

地球是个大圆球，但地球上的人类却不会掉下去。原来，地球有一种奇妙的地心引力，它就像一只手一样，牢牢地抓住地球上面的各种生物，不让它们掉出地球。

地球像个大鸡蛋

地球自内向外总共分三层：地核、地幔和地壳。它就像一个大鸡蛋，地核是蛋黄，主要由液态的金属组成。地幔是蛋清，它又分为上下两层，上半部大都是岩石，下半部充满了岩浆。地壳是包裹在最外面的蛋壳，成分主要是岩石。

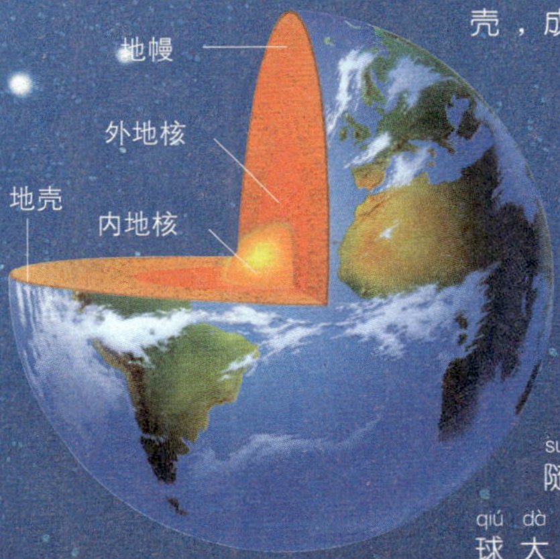

地球构造示意图

大鸡蛋的外衣

地球这个大鸡蛋外面还穿了一件外衣来保护自己，这件外衣就是大气层。大气层最高可以延伸到离地面6400千米的高空，随着高度的增加，空气变得越来越稀薄。地球大气层分对流层、平流层、中间层、热层和外大气层五部分，主要包含了氧气、氮气等气体。

像拼图一样的地球板块

地球地壳上的岩石并不是完整的一块，而是有几处明显的裂缝。整个岩石圈被这些裂缝分为像拼图一样的六大板块，这些板块就漂浮在地幔上，并随着地幔的运动有规律地变化着。在板块不断地分分合合当中，今天的七大洲和四大洋出现了。

地球大气层垂直分布图

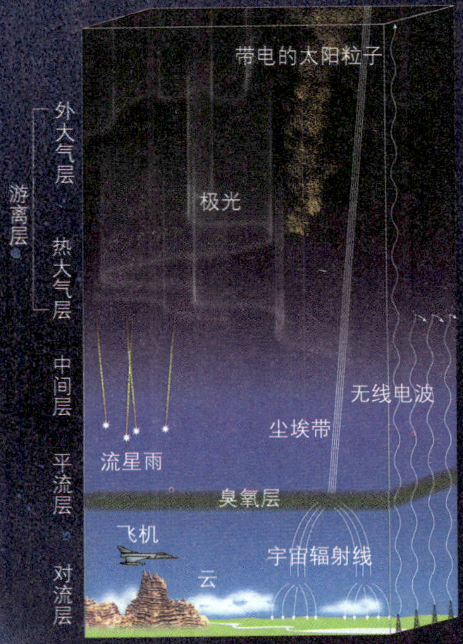

dì qiú de zhòu yè yǔ sì jì

地球的昼夜与四季

gè wèi dú zhě dà jiā hǎo wǒ xiàn zài zhèng zhàn zài dì
“各位读者，大家好！我现在正站在地
qiú běi bàn qiú de lù dì shang zhè lǐ xiàn zài shì hán lěng de dōng
球北半球的陆地上。这里现在是寒冷的冬
tiān dàn bù jiǔ yǐ hòu wēn nuǎn de chūn tiān jiù huì lái lín
天，但不久以后，温暖的春天就会来临，
rán hòu shì yán rè de xià tiān hé liáng shuǎng de qiū tiān
然后是炎热的夏天和凉爽的秋天。
ng zhè zhēn shì yī ge shén qí de xīng qiú
嗯，这真是一个神奇的星球！”

春分、秋分的地球上的昼夜现象

地球的自转

hé tài yáng xì zhōng de qí tā xíng xīng
和太阳系中的其他行星
yī yàng dì qiú yě xiàng ge tuó luó
一样，地球也像个陀螺，
néng yán zhe zì jǐ de zì zhuàn zhóu bù tíng
能沿着自己的自转轴不停
de zì xī xiàng dōng xuán zhuǎn zhè zhǒng xuán
地自西向东旋转，这种旋
zhuǎn yùn dòng jiù jiào zì zhuàn dì qiú zì zhuàn
转运动就叫自转。地球自转
yī quān shì yī tiān dà yuē děng yú xiǎo shí
一圈是一天，大约等于23小时56
fēn zhōng miǎo
分钟4秒。

地球四季

昼夜交替

dì qiú de zì zhuàn shǐ dì qiú chǎn shēng le zhòu yè jiāo tì de xiàn xiàng dāng dì qiú shang de rén lèi chǔ yú miàn
地球的自转使地球产生了昼夜交替的现象。当地球上的人类处于面
duì tài yáng de yī miàn shí nà lǐ de tiān kōng fēi cháng míng liàng jiù shì bái tiān ér dāng tā zhuàn dào bèi duì
对太阳的一面时，那里的天空非常明亮，就是白天。而当它转到背对
tài yáng de yī miàn shí tiān kōng jiù huì biàn hēi biàn àn hēi yè biàn lái lín le
太阳的一面时，天空就会变黑变暗，黑夜便来临了。

地球的公转和自转

地球公转产生四季

地球在不停进行自转的同时，还要绕着太阳公转。它每绕太阳转一圈就是一年，时间为365日6时9分10秒。由于地球是斜着身子绕太阳转的，所以一年间同一地点得到的太阳光和热不同，这就产生了地球上的四季更迭。

春

四季的划分

地球每年都要进行周而复始的四季变化。每年的6月22日，地球北半球就会迎来夏季；9月23日北半球进入秋季；到了12月22日，北半球就会迎来寒冷的冬季；而到了第二年的3月21日，温暖的春风就开始在北半球的大地上吹拂。而南半球的情形正好和北半球相反。

夏

秋

冬

宇宙魔法石

地球上并不是每一个地方都四季分明。比如在地球的赤道附近，一年中就只有炎热的夏天；而在地球的南极和北极，却是终年严寒，只有冬天。

新闻短讯：地球上的水

“从太空中看到的地球是一个淡蓝色的星球，这是因为地球表面的四分之三都被海水所覆盖。这一期的新闻短讯就让我们一起看看地球上的海洋和其他水体。”

地球是个美丽的蓝色星球。

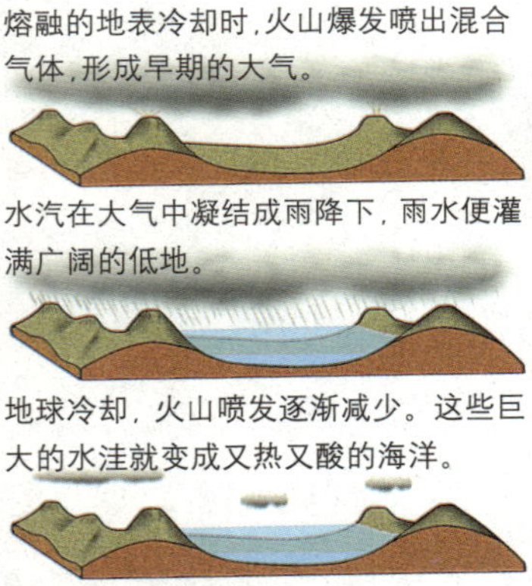

海洋形成示意图

海洋的形成

海洋是在地球形成后伴随着地球表面环境的变化而逐渐形成的。这一形成过程经历了复杂的地质变化。最初形成的地球由炙热状态慢慢降温，大气层形成大量的降水，汇聚成原始海洋的巨大水体。随着岁月变迁，海洋慢慢演化为现在我们熟悉的样子。

海水是什么颜色的

海水本身是无色透明的，但是却呈现美丽的蓝色，这是因为海水对太阳光的吸收能力不同。当阳光照到海面上时，海水对蓝光吸收得最少，一部分蓝光被反射回海面，这样海水就呈现出蓝色了。

河流和湖泊

zài zhàn dì qiú sì fēn zhī yī de lù dì shang hái fēn bù zhe xǔ duō zòng
在占地球四分之一的陆地上，还分布着许多纵
héng jiāo cuò de hé liú hé hú pō dì qiú shang de yǔ shuǐ bīng xuě
横交错的河流和湖泊。地球上的雨水、冰雪
róng shuǐ hé dì xià shuǐ huì jí dào yī qǐ yán zhe xiá cháng de āo dì
融水和地下水汇集到一起，沿着狭长的凹地
xiàng dī chù liú dòng xíng chéng le hé liú yǔ shuǐ bīng xuě róng shuǐ jī
向低处流动，形成了河流；雨水、冰雪融水积
xù zài lù dì shang de dī wā dì qū jiù xíng chéng le hú pō tā men wèi
蓄在陆地上的低洼地区就形成了湖泊。它们为
rén lèi tí gōng le zhòng yào de dàn shuǐ zī yuán
人类提供了重要的淡水资源。

地球上的河流

地球的水循环

地球的水循环

dì qiú shang de shuǐ zī yuán kě yǐ tōng guò bù duàn de xún huán lái bèi rén lèi chóng fù lì yòng zài tài yáng néng
地球上的水资源可以通过不断地循环来被人类重复利用。在太阳能
de zuò yòng xià dì qiú shang de hǎi miàn hú pō hé qí tā dì biǎo shuǐ bù duàn bèi zhēng fā biàn chéng shuǐ zhēng
的作用下，地球上的海面、湖泊和其他地表水不断被蒸发变成水蒸
qì jìn rù dà qì shuǐ zhēng qì yù lěng hòu yòu níng jù chéng shuǐ zài zhòng lì de zuò yòng xià chóng xīn jiàng luò
气，进入大气，水蒸气遇冷后又凝聚成水，在重力的作用下，重新降落
dào dì miàn zhè zhǒng xún huán zài dì qiú de gè gè dì qū bù tíng de jìn xíng zhe wèi rén lèi de shēng cún hé
到地面。这种循环在地球的各个地区不停地进行着，为人类的生存和
fā zhǎn fā huī zhe jù dà de zuò yòng
发展发挥着巨大的作用。

宇宙魔法石

地球的南极和北极气候恶劣，但却是没有受到人类污染的净土。这里有许多形成于1000万年前的冰川，水质非常纯净，储存量占到了人类可用淡水资源的72%。

shēng shēng bù xī
生生不息

zhǔ biān nín hǎo zài tài yáng xì zhōng zhǐ yǒu dì qiú shang cún zài
“主编，您好！在太阳系中，只有地球上存在

shēng mìng zhè shì tā qū bié yú qí tā xíng xīng de zhǔ yào biāo zhì suǒ yǐ wǒ
生命。这是它区别于其他行星的主要标志。所以，我

tè dì ná chū yī qī de piān fú zhuān mén bào dào dì qiú shang de shēng mìng
特地拿出一期的篇幅，专门报道地球上的生命。”

三叶虫是地球上最早出现的生命之一。

地球生命的演化

dì qiú shang de shēng mìng yǎn huà jīng guò le màn cháng de guò chéng duō yì nián
地球上的生命演化经过了漫长的过程。40多亿年

qián zài dì qiú shang fù hán huà hé wù de qiǎn shuǐ dì qū chǎn shēng le zuì chū de xì
前，在地球上富含化合物的浅水地区产生了最初的细

bāo yì nián qián hǎi yáng li kāi shǐ chǎn shēng yú lèi hé bèi lèi lù dì shang yě
胞。4亿年前，海洋里开始产生鱼类和贝类，陆地上也

chū xiàn le pá xíng dòng wù yòu guò le yì nián dì qiú shang chū xiàn le bǔ rǔ dòng
出现了爬行动物。又过了2亿年，地球上出现了哺乳动

wù zhōng yú zài shù bǎi wàn nián qián zǎo qī de rén lèi dàn shēng le zhè biāo zhì zhe
物。终于在数百万年前，早期的人类诞生了，这标志着

dì qiú shang de shēng mìng wán chéng le jī běn de yǎn biàn guò chéng
地球上的生命完成了基本的演变过程。

宇宙魔法石

在40多亿年前的某一天，地球的天空出现了剧烈的闪电现象，这种现象持续了许多天。闪电使地球大气中的一氧化碳和二氧化碳等无机物合成为氨基酸、核糖酸等有机分子，最初的生命在此基础上诞生了。

闪电为生命的出现提供了必要条件。

本领高强的绿色植物

在地球上，有各种各样的绿色植物。它们的本领非常大，可以通过光合作用制造氧气，供给地球上的生物呼吸。还能够把太阳的光能转变成葡萄糖、淀粉以及脂肪和蛋白质等营养成分，或储藏在自己的体内，或作为食物的来源提供给地球上的其他生物。

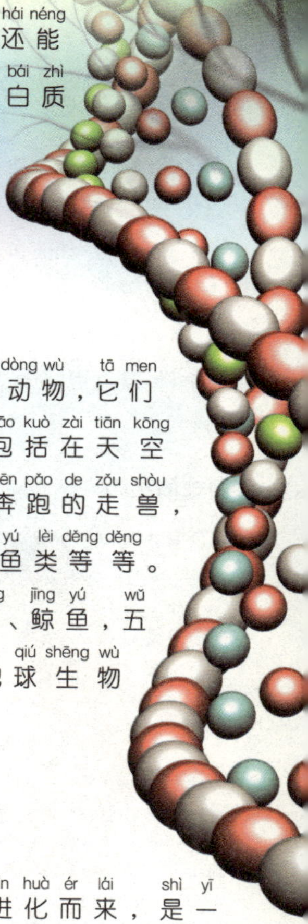

动物是地球生物的重要成员。

种类繁多的动物

地球上生活着约150万种动物，它们遍布世界的各个角落，包括在天空中飞翔的鸟类，陆地上奔跑的走兽，还有海洋湖泊中生活的鱼类等等。小到蚂蚁、蜜蜂，大到大象、鲸鱼，五花八门，种类繁多，是地球生物的重要成员之一。

生命奇葩——人类

太阳系中，只有地球上有人类存在。人类由猿进化而来，是一种会思考、会说话、能劳动、能制造并使用工具的高级哺乳动物。人类运用自己的智慧创造了纷繁复杂的物质世界，其科学技术已达到了较高的水平。现在，人类正利用其掌握的科学技术，努力寻找地球以外的其他生命。

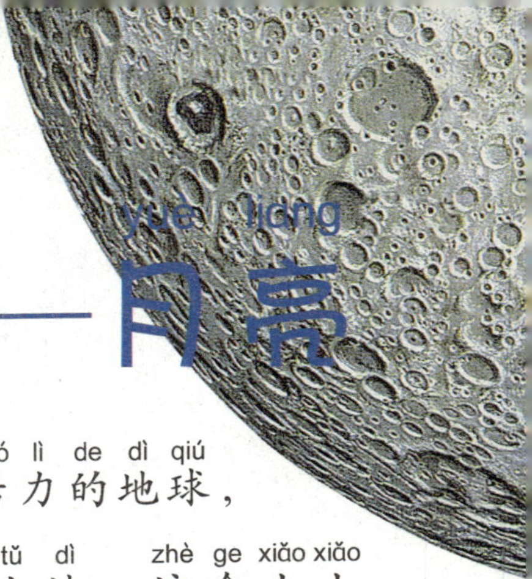

dì qiú de jìn lín yuè liang
地球的近邻——月亮

zhǔ biān gào bié le chōng mǎn shēng jī yǔ huó lì de dì qiú
“主编，告别了充满生机与活力的地球，
wǒ tà shang le dì qiú de lín jū yuè qiú de tǔ dì zhè ge xiǎo xiǎo
我踏上了地球的邻居——月球的土地。这个小小
de xīng qiú shì dì qiú wéi yī de yī kē tiān rán wèi xīng suǒ yǐ yě zhí de wǒ
的星球是地球唯一的一颗天然卫星。所以，也值得我
men yǔ zhòu tàn suǒ bào duì tā tóu yǐ gèng duō guān zhù de mù guāng
们《宇宙探索报》对它投以更多关注的目光。”

月球的结构

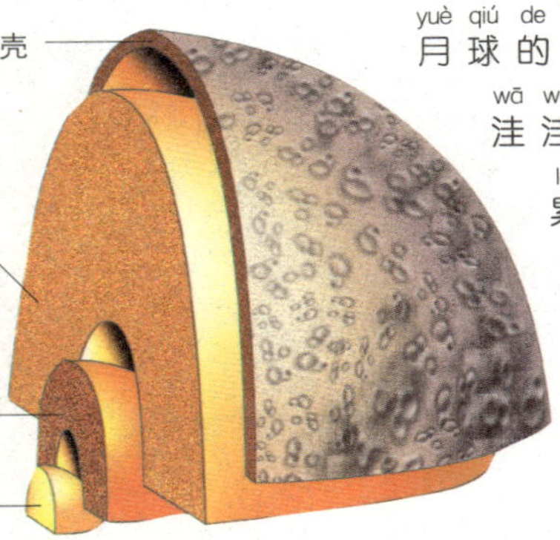

伤痕累累的月球表面

yuè qiú de biǎo miàn hé shuǐ xīng fēi cháng xiāng sì yě bù mǎn le kēng keng
月球的表面和水星非常相似，也布满了坑坑
wā wā de huán xíng shān hé yǔn shí kēng kàn qǐ lái shāng hén lěi
洼洼的环形山和陨石坑，看起来“伤痕累
lěi zhè shì yīn wèi yuè qiú biǎo miàn bù xiàng dì qiú nà yàng
累”。这是因为月球表面不像地球那样
yǒu dà qì céng de bǎo hù lái zì tài kōng de yī xiē suì shí
有大气层的保护，来自太空的一些碎石
kě yǐ bù shòu rèn hé zǔ lán de zhí jiē zhuàng jī dào yuè qiú biǎo
可以不受任何阻拦地直接撞击到月球表
miàn cóng ér shǐ yuè qiú biǎo miàn xíng chéng gè zhǒng bā hén
面，从而使月球表面形成各种“疤痕”。

如今，月球上已经踏上了人类探索的足迹。

宇宙魔法石

月球的运转速度不是很快，公转每秒只有1.02千米。凑巧的是月球自转一周的时间和绕着地球公转一周的时间是相同的，都是27.32天。

月球的温度

古代的中国人把月球称为“广寒宫”，事实上，月球确实非常寒冷，平均气温只有—23℃。另外，因为几乎没有大气层的保护，月球夜晚的最低温度能达到—173℃，白天的最高温度可达到2℃，昼夜温差极大。

地球的“忠诚卫士”

月球与地球朝夕相伴、寸步不离，被称为地球的“忠诚卫士”。月球的质量比地球小得多，如果把地球放在天平一端，那么另一端要放上81个月球才能平衡。所以，地球强大的引力让月球根本就跑不掉！

月球的运动

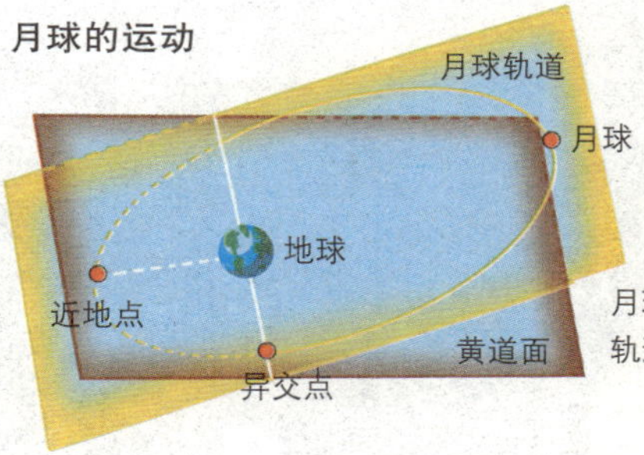

能源大宝库

月球外表看起来很贫瘠，实际上它可是一个能源丰富的大宝库！据探测，月球表面覆盖着一层由太阳风粒子积累所形成的气体，如氦-3。如果从月球开采出1500吨氦-3气体，就能满足地球一年的能源需要。

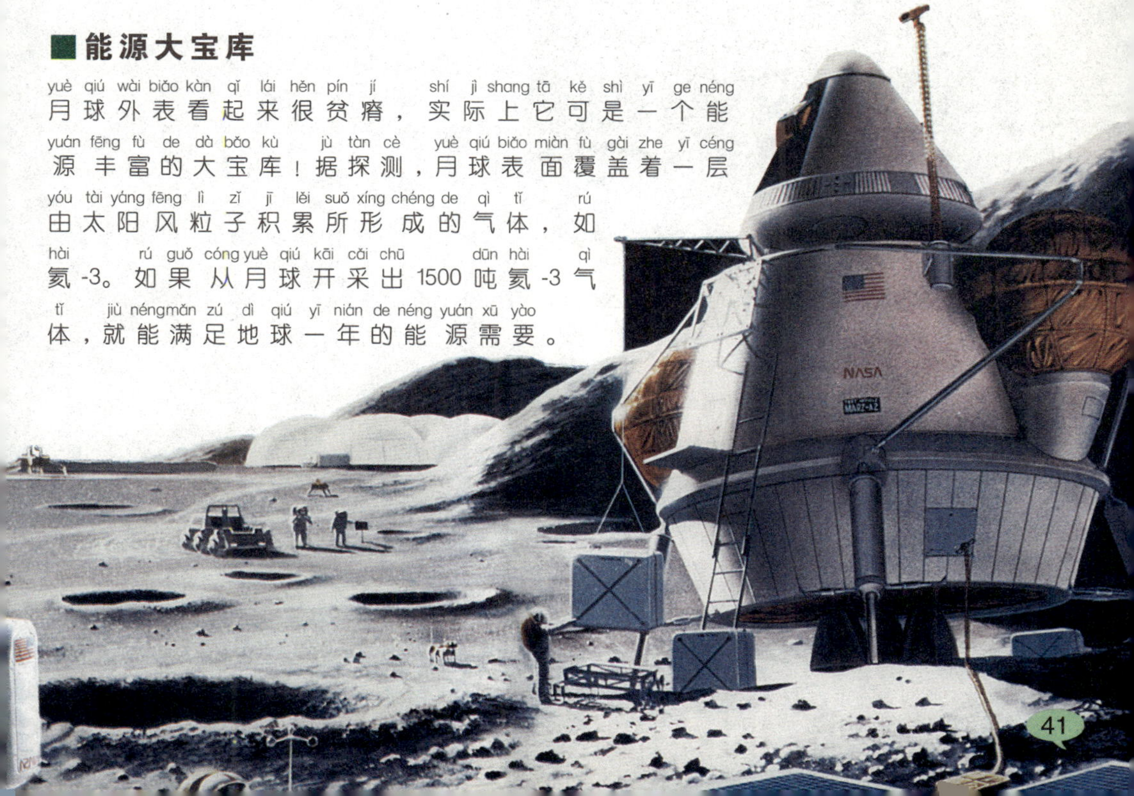

cóng dì qiú shang kàn yuè liang
从地球上看月亮

shí dì kǎo chá wán yuè qiú yǐ hòu jiē xià lái wǒ jiāng wèi xiǎo dú
“实地考察完月球以后，接下来我将为小读
zhě men jiè shào cóng dì qiú shang guān cè yuè qiú shí de jǐng xiàng fēi cháng
者们介绍从地球上观测月球时的景象，非常
yǒu qù de ràng wǒ men mǎ shàng kāi shǐ ba
有趣的！让我们马上开始吧。”

月相形成示意图

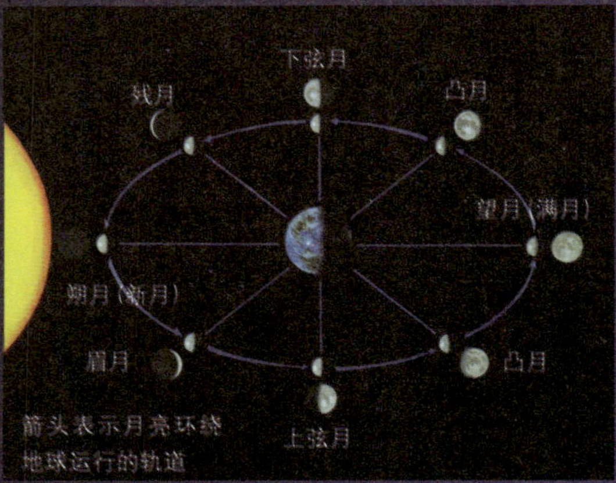

■月亮会变形

cóng dì qiú shang kàn yuè liang yǒu shí hou shì yuè
从地球上看，月亮有时候是月
yá yǒu shí hou shì ge dà yuán pán zhè jiù shì
牙，有时候是个大圆盘，这就是
yuè liang de yuè xiàng yuè liang zhī suǒ yǐ yǒu
月亮的“月相”。月亮之所以有
zhè me duō yàng zi shì yīn wèi dāng yuè qiú rào
这么多样子，是因为当月球绕
zhe dì qiú zhuǎn dòng shí shòu guāng miàn huì bù
着地球转动时，受光面会不
duàn biàn huà dì qiú rén kàn dào de yuè liang zì
断变化，地球人看到的月亮自
rán jiù huì yǒu bù tóng de xíng zhuàng yī ge wán
然就会有不同的形状。一个完
zhěng de yuè xiàng biàn huà guò chéng kě yǐ fēn wéi
整的月相变化过程可以分为
xīn yuè méi yuè shàng xián yuè tū yuè mǎn
新月、眉月、上弦月、凸月、满
yuè xià xián yuè cán yuè jǐ bù fen
月、下弦月、残月几部分。

宇宙魔法石

根据月亮盈亏变化的规律，地球上的人类制定了农历。农历规定，月亮从新月到满月为一个月，以月亮变化的12个周期为一年。按照这个方法计算出的一年和地球公转一周的时间相差并不多。

眉月和残月

每月的农历初三、初四，天上的月亮就像美女弯弯的眉毛一样，所以被叫做“眉月”。而到了农历二十五、二十六，弯月牙儿换了一个方向，这时的月亮就叫“残月”。

上弦月西沉全过程

上弦月

上弦月与下弦月

每月的农历初七左右，月亮一半明亮、一半黑暗，像半个烧饼一样，这就叫上弦月。而到了每月的农历二十二左右，月亮上明亮和黑暗部分的位置会换过来，那就是下弦月。

下弦月

晶莹剔透的满月

每月的农历十五或十六，地球处在月亮和太阳的中间，月亮受光的部分完全面向地球，这个时候人类会在夜晚的天空中看到晶莹剔透、像圆盘一样的月亮，这就是满月，又叫“望月”。

yuè liang bù jiàn le
月亮不见了

wǒ tài yáng xì de tè pài yuán bù hǎi pà zài dì qiú shang tíng liú de shí
“我，太阳系的特派员布海帕在地球上停留的时
hou kàn dào le yuè shí zhè me nán dé de jǐng xiàng dāng rán yào jiè shào gěi wǒ
候，看到了月食。这么难得的景象，当然要介绍给我
men de xiǎo dú zhě le
们的小读者了！”

月食

yuè shí chū xiàn de shí hou dì qiú shang de rén lèi
月食出现的时候，地球上的人类
huì kàn dào yí ge hēi yǐng dǎng zhù le yuè liang
会看到一个黑影挡住了月亮，
suí zhe hēi yǐng miàn jī de zhú jiàn kuò dà yuè
随着黑影面积的逐渐扩大，月
liang míng liàng de bù fen yuè biàn yuè xiǎo zuì
亮明亮的部分越变越小。最
hòu zhěng gè yuè liang dōu bú jiàn le dàn
后，整个月亮都不见了。但
guò le yí huìr xiāo shī de yuè liang yòu
过了一会儿，消失的月亮又
màn màn chū lái le zhěng gè guò chéng dà yuē
慢慢出来了，整个过程大约
xū yào ge xiǎo shí
需要4个小时。

月食是怎么形成的

yuè shí hé rì shí xíng chéng yuán yīn fēi cháng xiāng
月食和日食形成原因非常相
sì dāng dì qiú yùn xíng dào tài yáng hé yuè qiú zhī jiān
似。当地球运行到太阳和月球之间，
sān zhě xíng chéng yī tiáo zhí xiàn shí dì qiú dǎng zhù tài
三者形成一条直线时，地球挡住太
yáng shè xiàng yuè qiú de guāng yú shì jiù xíng chéng le yuè
阳射向月球的光，于是就形成了月
shí rú guǒ zhǐ dǎng zhù yí bù fen guāng nà jiù shì yuè
食。如果只挡住一部分光，那就是月
piān shí rú guǒ quán bù dǎng zhù nà jiù shì yuè quán shí le
偏食；如果全部挡住，那就是月全食了。

红铜色的月亮

红铜色的月亮

chū xiàn yuè quán shí shí yuè qiú shì hóng tóng
出现月全食时，月球是红铜
sè de zhè shì yīn wèi tài yáng de guāng xiàn
色的。这是因为太阳的光线
zhào shè dào dì qiú biǎo miàn fù gài zhe de dà qì
照射到地球表面覆盖着的大气
céng shí dà qì huì xiàng lǜ guāng jìng yī yàng bǎ
层时，大气会像滤光镜一样把
lán guāng sǎn shè diào bǎ hóng guāng zhé shè dào dì qiú de yīn yǐng
蓝光散射掉，把红光折射到地球的阴影
zhōng cǐ shí zhèng chǔ zài dì qiú yīn yǐng zhōng de yuè liang kàn
中，此时正处在地球阴影中的月亮看
shang qù jiù biàn chéng hóng tóng sè le
上去就变成红铜色了。

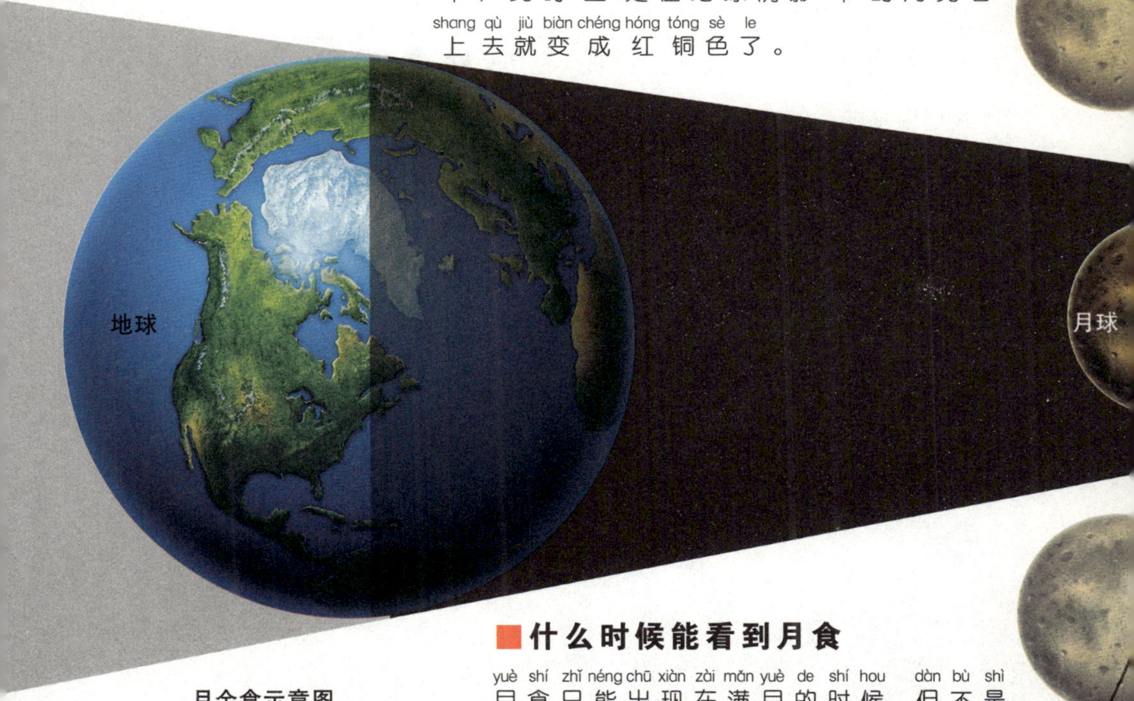

月全食示意图

什么时候能看到月食

yuè shí zhǐ néng chū xiàn zài mǎn yuè de shí hou dàn bù shì
月食只能出现在满月的时候，但不是
měi féng mǎn yuè dōu yǒu yuè shí yīn wèi zhǐ yǒu
每逢满月都有月食，因为只有
dāng sān zhě pái chéng yī tiáo zhí xiàn shí cái
当三者排成一条直线时才
huì chū xiàn yuè shí yīn cǐ yuè shí
会出现月食。因此，月食
de chū xiàn bìng méi yǒu yī dìng de guī
的出现并没有一定的规
lǜ yǒu shí yī nián zhōng yī cì dōu bù
律，有时一年中一次都不
chū xiàn yǒu shí yī nián kě néng chū xiàn sān cì
出现，有时一年可能出现三次。

宇宙魔法石

公元前4世纪，古希腊科学家亚里士多德发现，月食时月亮进入地球的影子里。通过月亮反映出地球的影子是圆的，从而得出了地球是球形的论断。

小消息：月亮与潮汐

“作为地球的天然卫星，月球对地球的影响无处不在。最典型的例子就是月亮与地球之间的距离变化影响地球上的潮汐现象。所以，我特别添加了一条特别的小消息——月亮与潮汐。”

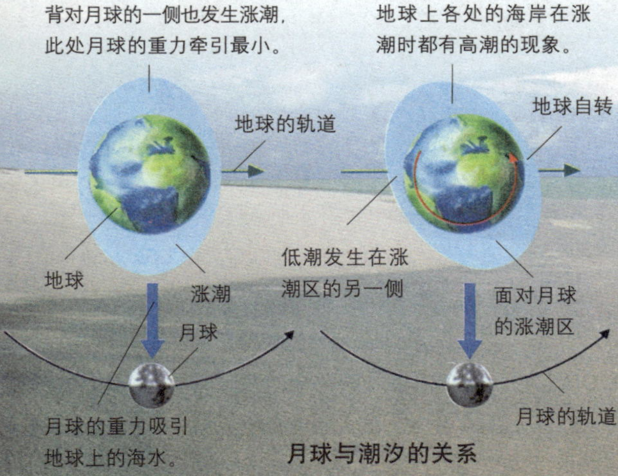

月球与潮汐的关系

什么是潮汐

在地球上，每一个昼夜，海水都有两次上涨和两次退落现象。人们把白天出现的海水上涨现象叫做“潮”，把夜晚出现的海水上涨现象叫做“汐”，这就是潮汐现象。

潮汐引起的海啸可能会给人类带来了巨大的灾难。

宇宙魔法石

潮汐和地球表面之间发生摩擦，这种摩擦作用使得地球的自转速度越来越慢。，所以，地球现在的一天要比305亿年前短3个小时呦！

月球与地球潮汐

潮汐的奥秘

地球上的潮汐现象和月球有着密切的关系。海水会受到月球、太阳和其他天体的吸引，因为月球离地球最近，海水受月球的吸引作用也就最大。海水在月球引力的作用下形成了引潮力，产生潮汐现象。同时由于地球、月球的不断运动，它们彼此之间的位置和距离也在发生周期性变化，因此潮汐现象也有周期性。

潮汐运动中蕴藏着巨大的能量。

大潮和小潮

新月或满月时，太阳、地球和月亮处在一条直线上，太阳和月球的重力相叠加，受其作用，海洋会出现最高潮和最低潮，这种现象就叫大潮。下弦月和上弦月时，太阳和月球的位置互相垂直，两者的重力相抵消，那么地球上的潮水就会出现最低的高潮和最高的低潮，就叫小潮。

近地小行星

“主编，我刚刚差点和一颗突然跑到地球轨道的小行星相撞，这到底是些什么家伙呢？下面就让我来一探究竟吧！”

近地小行星

近地小行星的类型

在太阳系中，除了九大行星之外，还存在一些小个子的行星，其中一些小行星的轨道距离地球很近，被称为“近地小行星”。其中轨道离太阳最近的距离小于1亿5千万千米的叫“莫尔型小行星”，相反的则叫做“阿波罗型”。

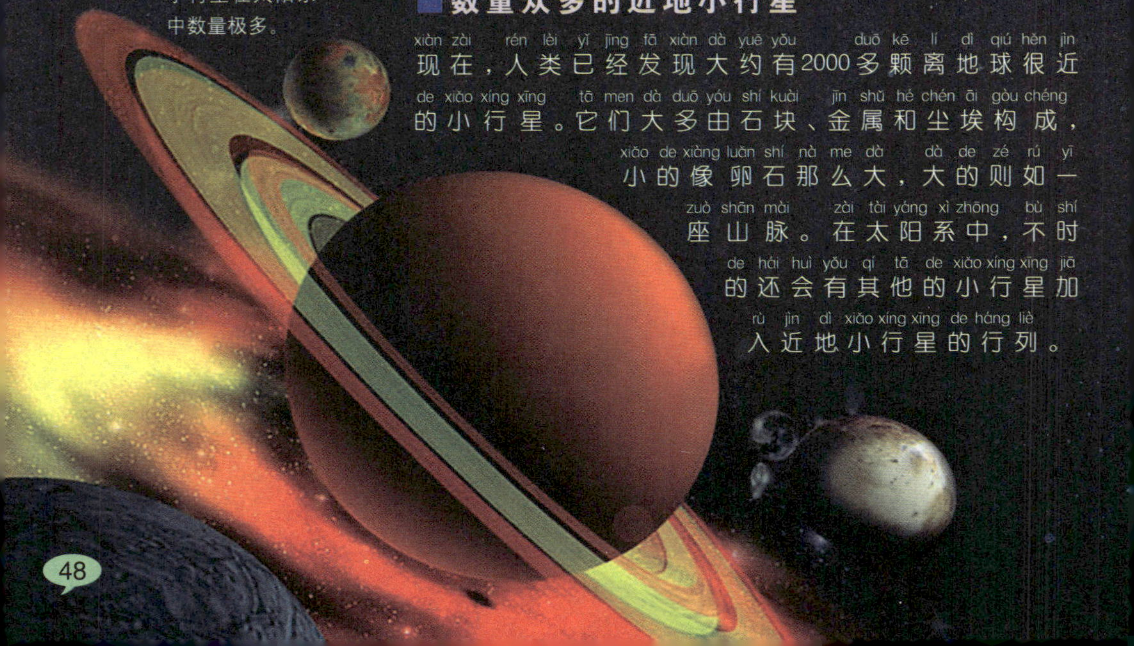

小行星在太阳系中数量极多。

数量众多的近地小行星

现在，人类已经发现大约有2000多颗离地球很近的小行星。它们大多由石块、金属和尘埃构成，小的像卵石那么大，大的则如一座山脉。在太阳系中，不时的还会有其他的小行星加入近地小行星的行列。

小行星掠地飞行。

小行星会撞到地球上吗

小行星会不会撞到地球呢？这种可能性是存在的！据计算，地球平均5000万至1亿年就会受到一颗直径10千米的小行星撞击。每20万年就会受到一颗直径1千米的小行星的撞击！看来地球人要时刻保持警惕喽！

小行星的危害有多大

小行星对地球的危害远比人类想象得大。据科学家研究，如果一颗直径为1千米的小行星和地球相撞，造成的危害和地球上所有核武器爆炸产生的结果相当。据说很久以前，地球上恐龙的灭绝就可能是小行星撞击造成的！

史前地球经历了一场与小行星碰撞的大灾难。

宇宙魔法石

小行星是一个天然的宇宙空间站，当小行星转到距离太阳较近的位置时，地球上的宇宙飞船可以利用它返回地球，这样能节约不少能源呢！

bào zào de huǒ xīng
暴躁的火星

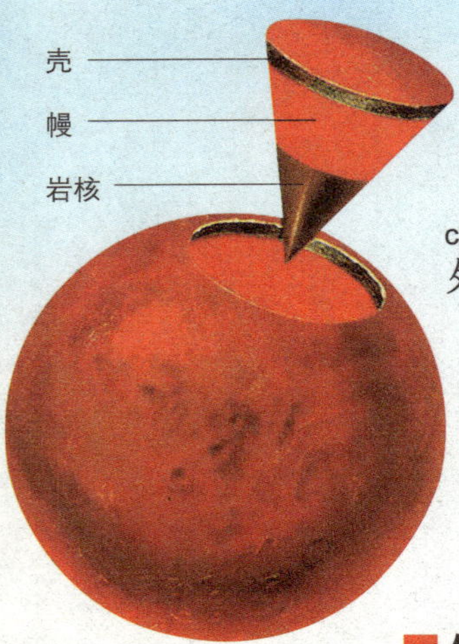

火星构造示意图

jīng guò cháng tú bá shè wǒ de xīn wén bào dào
“经过长途跋涉，我的新闻报道
fēi chuán yǐ jīng kāi dào le huǒ xīng fù jìn cóng yuǎn
飞船已经开到了火星附近。从远
chù kàn huǒ xīng shì hóng sè de nà tā shì bù shì zháo
处看，火星是红色的，那它是不是着
huǒ le ne wǒ men mǎ shàng jiù yào jiē kāi tā de zhēn
火了呢？我们马上就要揭开它的真
miàn mù le
面目了！”

■生锈的世界

huǒ xīng jiù xiàng shēng xiù le yī yàng biǎo miàn dào chù dōu shì hóng sè de tǔ rǎng
火星就像生锈了一样，表面到处都是红色的土壤
hé yán shí zhè xiē tǔ rǎng hé yán shí zhōng suǒ hán yǒu de tiě yuán sù yù dào
和岩石。这些土壤和岩石中所含有的铁元素遇到
huǒ xīng dà qì zhōng de yǎng qì suí zhe shí jiān de tuī yí màn màn
火星大气中的氧气，随着时间的推移慢慢
bèi yǎng huà shēng xiù yī ge xiù jì bān bān de huǒ xīng
被氧化、生锈，一个锈迹斑斑的火星
xíng chéng le
形成了。

宇宙魔法石

火星常常神出鬼没。地球上的人类有时看到它和太阳同升同落，有时又会看到它在太阳落山的时候从东方升起，到第二天早晨才从西方落下。

奥林匹斯山

huǒ xīng shang huǒ shān zhòng duō　ào lín pǐ sī shān shì qí zhōng zuì yǒu
火星上火山众多，奥林匹斯山是其中最有
míng de yī zuò　tā chéng dùn xíng　gāo　duō qiān mǐ　shì tài yáng xì
名的一座。它呈盾形，高20多千米，是太阳系
zhōng zuì gāo dà de shān mài　bǐ dì qiú shang zuì gāo de zhū mù lǎng mǎ
中最高大的山脉，比地球上最高的珠穆朗玛
fēng hái gāo　bèi　cóng huǒ xīng shàng kōng fǔ kàn ào lín pǐ sī shān
峰还高3倍。从火星上空俯瞰奥林匹斯山，
kě yǐ fā xiàn huǒ shān kǒu fù jìn de yǔn shí kēng hái méi yǒu bèi huǒ shān
可以发现火山口附近的陨石坑还没有被火山
róng yán tián mǎn　kě jiàn zhè zuò huǒ shān yǐ jīng hěn jiǔ méi yǒu huó dòng le
熔岩填满，可见这座火山已经很久没有活动了。

奥林匹斯山

水手大峡谷

水手大峡谷

huǒ xīng de biǎo miàn yǒu yī tiáo shēn shēn de gōu
火星的表面有一条深深的沟
gǔ　tā jiù shì shuǐ shǒu dà xiá gǔ　shuǐ shǒu dà
谷，它就是水手大峡谷。水手大
xiá gǔ dà yuē shēn　qiān mǐ　kuān　qiān mǐ　mián
峡谷大约深7千米、宽200千米、绵
yán　qiān mǐ　tā shì yóu yú huǒ xīng biǎo miàn
延5000千米。它是由于火星表面
dì céng duàn liè ér xíng chéng　yòu jīng guò jǐ shí
地层断裂而形成，又经过几十
yì nián de dà fēng hé chén āi de zuò yòng　cái xíng
亿年的大风和尘埃的作用，才形
chéng jīn tiān zhè me zhuàng guān de jǐng xiàng
成今天这么壮观的景象。

火星上的大风暴

huǒ xīng jiù xiàng yī ge pí qi bào zào de hái zi　jī hū měi nián dōu yào fā yī cì dà
火星就像一个脾气暴躁的孩子，几乎每年都要发一次大
pí qi　zài huǒ xīng shang guā qǐ yī cháng tè dà fēng bào　fēng sù kě dá měi miǎo
脾气——在火星上刮起一场特大风暴，风速可达每秒180
qiān mǐ　zhè zhǒng dà fēng bào shì huǒ xīng dà qì zhōng dú yǒu de xiàn xiàng　zhěng gè huǒ
千米。这种大风暴是火星大气中独有的现象，整个火
xīng yī nián zhōng yǒu　de shí jiān dōu huì lǒng zhào zài kuáng shā zhī zhōng
星一年中有1/4的时间都会笼罩在狂沙之中。

火星大风暴

hào wài huǒ xīng shang yǒu shēng mìng hén jì
号外:火星上有生命痕迹

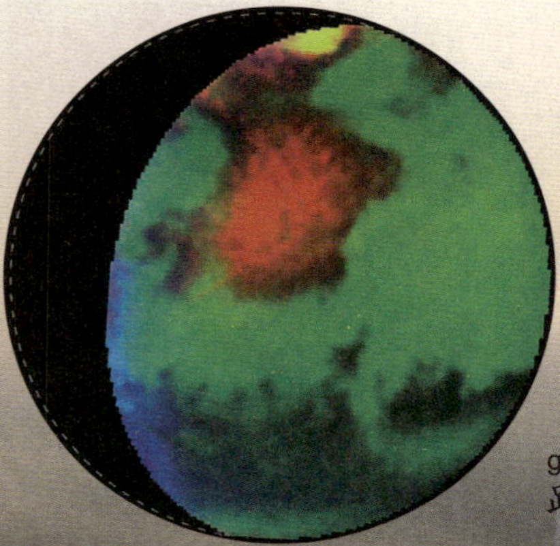

利用红外线观测到的火星

zhǔ biān nín hǎo běn qī de yǔ
“主编,您好!本期的《宇
zhòu tàn suǒ bào yǒu yī ge dà hào wài nà
宙探索报》有一个大‘号外’,那
jiù shì dēng lù huǒ xīng de yǔ háng yuán men zài
就是登陆火星的宇航员们在
zhè lǐ fā xiàn le shēng mìng de hén jì wǒ
这里发现了生命的痕迹。我
gēn tā men yī qǐ tàn suǒ huǒ xīng shang shēng mìng de
跟他们一起探索火星上生命的
mì mì xiàn zài jiù xiàng nín fā huí zhè cì
秘密,现在就向您发回这次
tè bié de bào dào
特别的报道。”

火星两极的冰雪

zài huǒ xīng de nán běi liǎng jí fù gài zhe ái ái de bái xuě zhè bù fen qū
在火星的南北两极,覆盖着皑皑的白雪,这部分区
yù bèi chēng wéi jí guān huǒ xīng shang bīng xuě de zhǔ yào chéng fèn
域被称为“极冠”。火星上冰雪的主要成分
shì èr yǎng huà tàn shuǐ zhǐ zhàn hěn shǎo de yī bù fen bù guò zhè bù
是二氧化碳,水只占很少的一部分。不过,这部
fen shuǐ yǐ jīng wèi shēng wù cún zài tí gōng le bì yào tiáo jiàn yīn cǐ rén
分水已经为生物存在提供了必要条件。因此人
men cāi cè zhè liǎng ge dì qū hěn kě néng yǒu shēng mìng cún zài
们猜测,这两个地区很可能有生命存在。

火星陨石中的微生物

在火星的沉积岩中经常见到的直径为50到200毫微米的极小的蛋白球被称为“超微生物”，科学家们普遍认为它们是微生物的遗迹。因此，在ALH84001火星陨石中发现的这种极小的蛋白球使得科学家们有理由相信火星上曾经、或者正是现在的确存在着原始的生命形式。

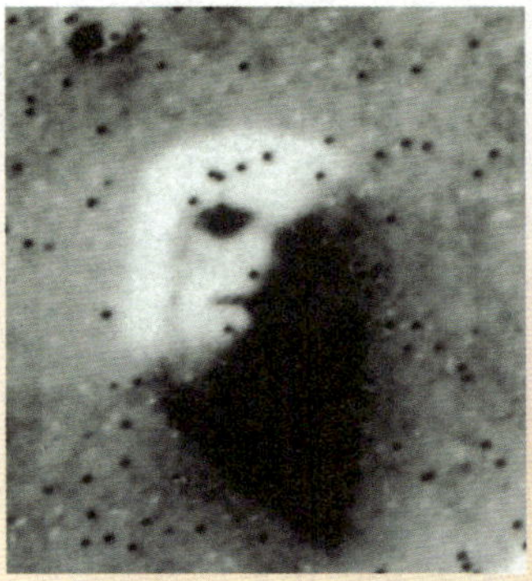

火星上发现的一块奇特岩石，看来像颗人头。有些人认为这是一件巨大的雕塑作品，刻划了“火星人”的脸孔，是火星远古文明的遗迹。

火星上的河床

火星上还有数千条河床。这些河床蜿蜒曲折、纵横交错，长度从数百千米到10000千米不等，宽度也可以达到几千米到几十千米。这种特殊的地形充分证明，火星上过去曾经有过很多水，甚至还可能存在高级生命。

宇宙魔法石

地球上的人类曾经在火星表面拍摄到一幅酷似人的“笑脸”的地形照片。这张“笑脸”其实是由火星上的环形火山组成的。

rè nao de xiǎo xíng xīng dài
热闹的小行星带

zhǔ biān nín hǎo wǒ men de xīn wén bào
"主编，您好！我们的新闻报
dào fēi chuán gāng gāng cóng mì jí de xiǎo xíng xīng dài chōng le chū
道飞船刚刚从密集的小行星带冲了出
lái hǎo xiǎn a wǒ men chà yī diǎn jiù gēn yī kē mào shī de
来，好险啊！我们差一点就跟一颗冒失的
xiǎo xíng xīng xiāng zhuàng zhōng yú wán chéng zhè cì bào dào rèn wu le
小行星相撞。终于完成这次报道任务了，
xiāng xìn nǐ yě tì wǒ men niē le yī bǎ hàn ba bù guò zhè qī
相信你也替我们捏了一把汗吧！不过这期
de xīn wén nèi róng zhēn de hěn jīng cǎi ne
的新闻内容真的很精彩呢！"

小行星带位于火星和木星轨道之间。

"我们在一起"

zài huǒ xīng hé mù xīng de guǐ dào zhī jiān cún zài zhe xǔ duō de xiǎo shí
在火星和木星的轨道之间，存在着许多的小石
kuài tā men xiàng yī tiáo dài zi yī yàng wéi rào zhe tài yáng yùn xíng zhè
块，它们像一条带子一样围绕着太阳运行，这
lǐ jiù bèi chēng wéi xiǎo xíng xīng dài xiǎo xíng xīng dài zhōng suī
里就被称为"小行星带"。小行星带中虽
rán hěn yōng jǐ dàn měi ge xiǎo xíng xīng dōu àn zhào zì jǐ de guǐ
然很拥挤，但每个小行星都按照自己的轨
dào yùn xíng zhe suǒ yǐ zhì xù jǐng rán
道运行着，所以秩序井然。

宇宙魔法石

神秘的宇宙中总有一些预料不到的事情发生。比如在小行星带中，那些靠近木星的小行星经常会被庞大的邻居拉出自己的轨道，走上另一条轨道，开始新的漫游旅程。

最早被发现的小行星

谷神星是第一颗被人类发现的小行星。1801年，意大利天文学家皮亚奇在无意中发现了一颗位于火星和木星轨道之间的小行星，它的直径大约是1000千米，和九大行星比起来，它就像一个小侏儒，不过它却是迄今为止人类发现的体积最大的小行星。

谷神星

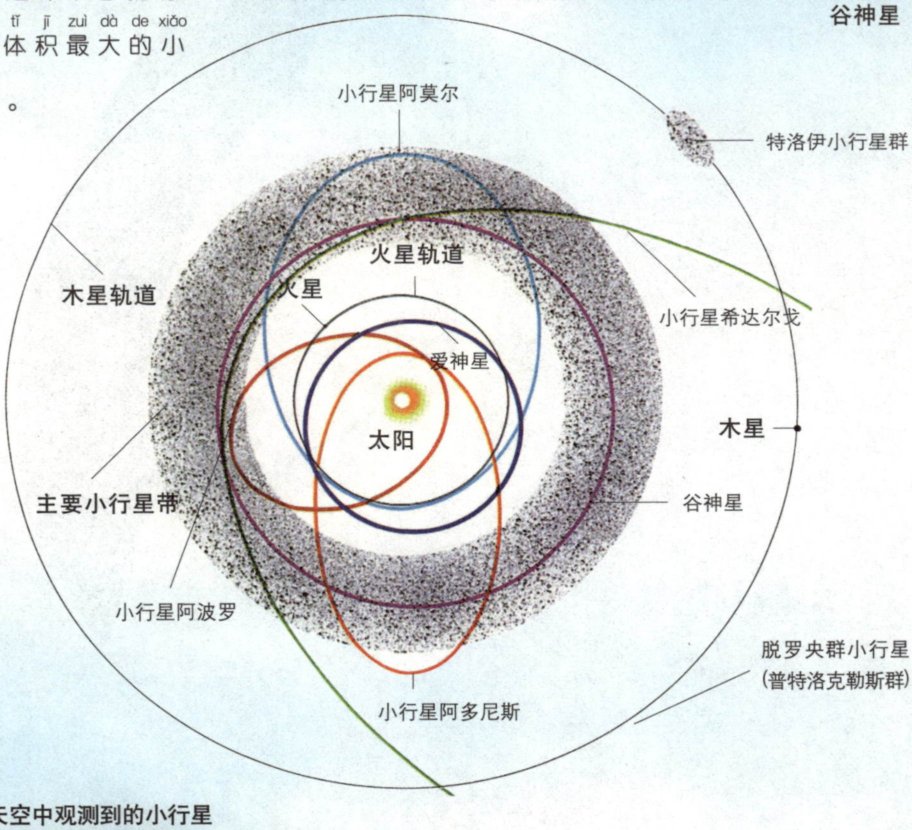

地球天空中观测到的小行星

小行星的力量

别看小行星个子小，它们的力量可并不小。当一颗小行星撞击大行星时，如果小行星的体积等于大行星的五分之一，它就会把大行星撞出裂纹。如果小行星的体积大于大行星的五分之一，大行星就会被撞得粉碎，很厉害吧！

jiǔ xīng zhī guàn mù xīng
九星之冠——木星

wǒ men de xīn wén bào dào fēi
"我们的新闻报道飞
chuán yǐ jīng tíng zài mù xīng de guǐ
船已经停在木星的轨
dào shang mù xīng bèi chēng
道上。木星被称
wéi jiǔ xīng zhī guàn
为"九星之冠"，
zhè shì wèi shén me ne
这是为什么呢？
ràng wǒ men yī qǐ qù kàn
让我们一起去看
kan ba
看吧！"

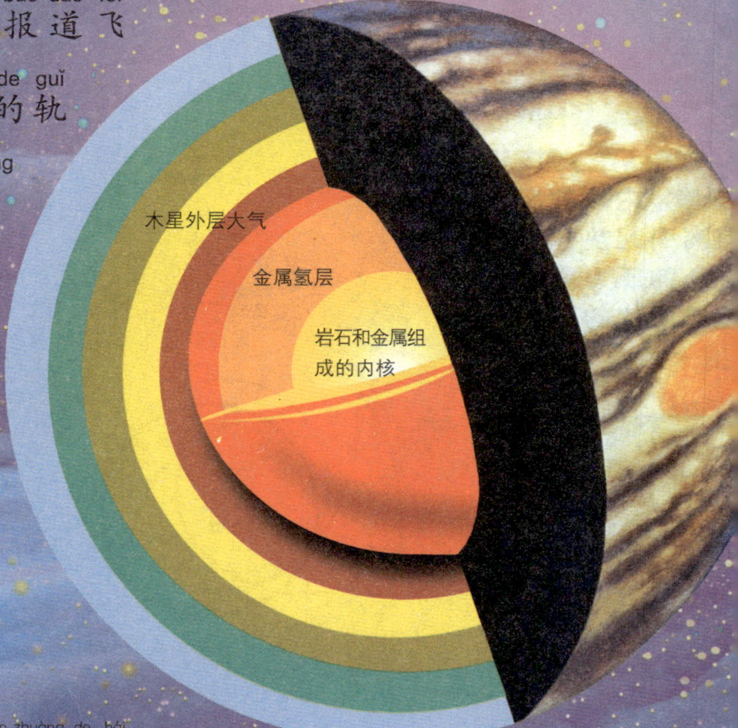

木星内部结构示意图

太阳系中的小巨人

mù xīng shì tài yáng bà ba zuì jiàn zhuàng de hái
木星是太阳"爸爸"最健壮的孩
zi mù xīng de tǐ jī bǐ qí tā bā dà xíng xīng
子。木星的体积比其他八大行星
jiā qǐ lái de tǐ jī zǒng hé hái yào dà zhì liàng
加起来的体积总和还要大，质量
gèng shì qí tā bā gè xiōng dì zǒng hé de
更是其他八个"兄弟"总和的2.5
bèi nán guài mù xīng bèi chēng wéi jiǔ xīng zhī
倍。难怪木星被称为"九星之
guàn a
冠"啊！

宇宙魔法石

木星有一个由小石块和雪团组成的光环，它围绕着木星高速旋转。这个光环只有6500千米宽，还不到10千米厚，既暗淡又单薄，一点都不起眼，直到1979年才被人类的探测器发现。

木星的带和带纹

木星的条纹外衣

mù xīng méi yǒu shuǐ xīng jīn xīng nà yàng de gù tǐ wài ké ér shì chuān zhe
木星没有水星、金星那样的固体外壳，而是穿着
yī jiàn yóu qì tǐ zuò chéng de piào liang wài yī zhè jiàn wài yī yóu míng àn
一件由气体做成的漂亮外衣。这件外衣由明暗
jiāo tì de tiáo wén gòu chéng yán sè míng liàng de jiào zuò dài yán sè shāo
交替的条纹构成，颜色明亮的叫做“带”，颜色稍
àn de jiào zuò dài wén qí shí tā men shì huán rào zài mù xīng shang bù tóng
暗的叫做“带纹”。其实它们是环绕在木星上不同
zhǒng lèi de qì tǐ yún céng yóu yú mù xīng de zì zhuàn hěn kuài dài dòng yún céng yě
种类的气体云层，由于木星的自转很快，带动云层也
gāo sù xuán zhuǎn qǐ lái yú shì yún céng jiù bèi lā chéng tiáo wén zhuàng le
高速旋转起来，于是云层就被拉成条纹状了。

短暂的一天

zài tài yáng xì jiǔ dà xíng xīng zhōng mù xīng de zì zhuàn sù dù shì zuì kuài
在太阳系九大行星中，木星的自转速度是最快
de píng jūn měi xiǎo shí fēn zhōng jiù néng zì zhuàn yī zhōu yě jiù shì
的，平均每9小时50分钟就能自转一周。也就是
shuō mù xīng shang de yī tiān hái bù dào ge xiǎo shí mù xīng yǐ zhè me
说，木星上的一天还不到10个小时。木星以这么
dà de shēn qū zuò zhè me kuài de xuán zhuǎn yǐ zhì yú tā de shēn tǐ
大的身躯做这么快的旋转，以至于它的身体
dōu zhǎng chéng le yī ge chì dào gǔ qǐ de biǎn yuán xíng zhuàng
都长成了一个赤道鼓起的扁圆形状。

木星的自转

木星的磁场

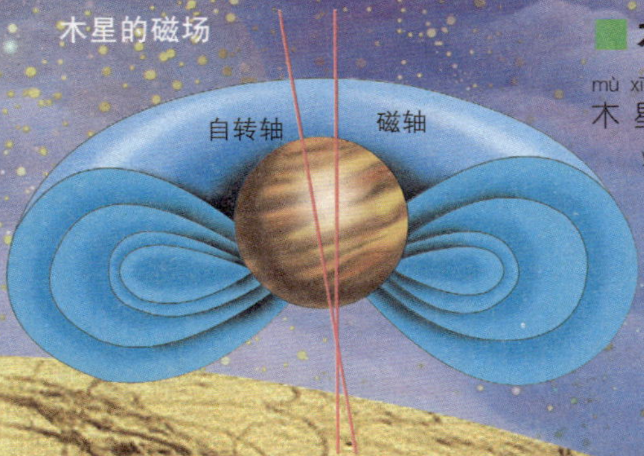

木星的磁场

mù xīng de cí chǎng fēi cháng qiáng tā de cí céng miàn xiàng tài
木星的磁场非常强，它的磁层面向太
yáng de fāng xiàng kě yán shēn yì qiān wàn qiān mǐ shèn zhì
阳的方向可延伸6亿5千万千米，甚至
chāo guò tǔ xīng de guǐ dào bèi xiàng tài yáng fāng xiàng yě
超过土星的轨道，背向太阳方向也
yǒu shù bǎi wàn qiān mǐ hòu mù xīng de cí chǎng fāng xiàng
有数百万千米厚。木星的磁场方向
zhèng hǎo hé dì qiú cí chǎng de fāng xiàng xiāng fǎn rú guǒ
正好和地球磁场的方向相反。如果
dì qiú shang de zhǐ nán zhēn dào le mù xīng shang de
地球上的指南针到了木星上的
huà jiù chéng le zhǐ běi zhēn le
话，就成了指北针了！

mù xīng shang guā qǐ le dà fēng
木星上刮起了大风

zhǔ biān mù xīng de tiān qì qíng kuàng hěn è liè yī zhí zài guā dà fēng fēng bào qì xuán fēi cháng jù dà qí zhōng yī ge cóng tài kōng kàn shì dà hóng bān hái yǒu yī ge dà bái luǎn xīn wén bào dào fēi chuán dōu wú fǎ kào jìn mù xīng shang fā shēng shén me shì qing le ne wǒ jiāng zài dì yī shí jiān wèi dà jiā jìn xíng bào dào

“主编，木星的天气情况很恶劣，一直在刮大风，风暴气旋非常巨大，其中一个从太空看是大红斑，还有一个大白卵。新闻报道飞船都无法靠近。木星上发生什么事情了呢？我将在第一时间为大家进行报道。”

木星上的大红斑

cóng dì qiú shang guān cè fā xiàn mù xīng de biǎo miàn yǒu yī ge hóng sè xiàng jī dàn yī yàng dà de bān diǎn sú chēng dà hóng bān dà hóng bān shì mù xīng dà qì céng zhōng de yī ge fēng bào qì xuán zhǔ yào yóu ān qì hé bīng yún gòu chéng měi tiān xuán zhuǎn yī quān xuán zhuǎn de shí hou cháng cháng huì zài mù xīng shang juǎn qǐ yī zuò dà yún tǎ zhè zuò yún tǎ bǐ zhōu wéi de yún céng hái yào gāo qiān mǐ shí fēn zhuàng guān

从地球上观测发现，木星的表面有一个红色像鸡蛋一样大的斑点，俗称大红斑。大红斑是木星大气层中的一个风暴气旋，主要由氨气和冰云构成，每6天旋转一圈。旋转的时候常常会在木星上卷起一座大云塔，这座云塔比周围的云层还要高8千米，十分壮观。

宇宙魔法石

木星的天气系统复杂多变，它的云层每时每刻都在变化。并且由于大气运动剧烈，木星上常常会出现高空闪电现象。真是一个不平静的星球！

地球只有大红斑的一半大。

大红斑有多大

大红斑的个子大得惊人，它的南北大约宽1.4万千米左右，东西方向上的长度在不同时期会有一些变化，最长时可达4万千米左右。这么大的一个旋涡，完全可以装下地球。

木星上的大红斑

白色的风暴——白卵

和大红斑一样，白卵也是木星表面的风暴气旋。当木星上某一区域的中心气体上升，边缘气体下降时，就会形成白卵。不过它的规模要比大红斑小，颜色基本上是白色的，也有淡蓝色的。

大红斑(图上方)和白卵(图下方)

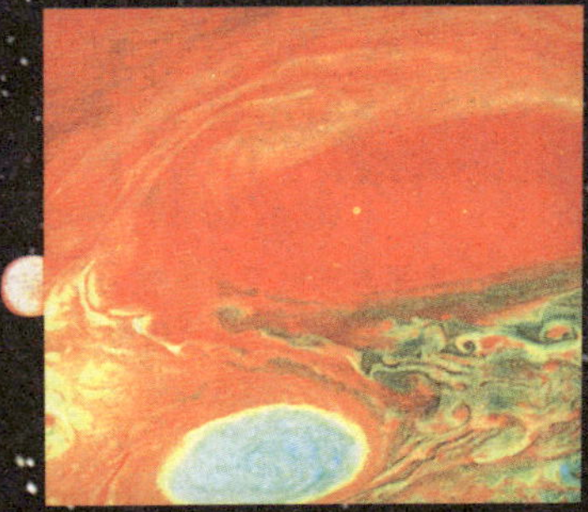

会合并的白卵

白卵因为个头儿比较小，所以数目也相对比较多。在木星上，两个以上的小型白卵常常会合并成一个大白卵。合成的大白卵形成的风暴气旋的规模也十分巨大，仅次于大红斑。

木星的好朋友们

木卫二

“木星在太阳系中的个子最大，拥有的卫星‘朋友’也不少，下面我们就来认识一下木星的卫星‘朋友’们吧！”

伽里略制作的天文望远镜

木星卫星的类型

据统计，到现在为止发现的木星卫星已经达到了63颗。这63个朋友可以分为两类，那些靠着木星最近的一群——木卫五和伽利略卫星是规则卫星，其余的都叫不规则卫星。不规则卫星又分为两群，分别是顺行卫星和逆行卫星。

伽利略卫星

伽利略卫星可不是一颗卫星，而是四颗卫星——木卫一、木卫二、木卫三、木卫四。这四颗卫星是意大利科学家伽利略在1610年用自己制造的望远镜发现的。所以，它们就被统称为“伽利略卫星”了。

木卫四

木卫一

宇宙魔法石

木星对它的卫星有很大的引力。当一些卫星离木星很近的时候，潮汐作用会使卫星的形状变成扁长的椭圆形，当距离达到一定程度时，潮汐作用就会将卫星瓦解掉。

木卫三

有水的木卫二

木卫二是一个十分特殊的星体。它的表面覆盖着一层薄冰，薄冰下还可能存在着深达50千米的液态水。因此，许多科学家都对木卫二充满兴趣，希望能在上面找到生命存在的证据。

太阳系最大的卫星

木卫三是太阳系最大的卫星，它的体积比水星还要大，不过质量仅是水星的一半。木卫三有一个小型的铁质内核，外面是岩石地幔，最外部还包着一层冰质的外壳。木卫三还有一层极其稀薄的大气。

ài piào liang de tǔ xīng
爱漂亮的土星

gāng gāng lí kāi mù xīng wǒ men jiù kàn dào yuǎn fāng chū xiàn
“刚刚离开木星，我们就看到远方出现

le lìng yī ge piào liang de xíng xīng zhè ge xíng xīng dài zhe yī
了另一个漂亮的行星。这个行星戴着一

dǐng měi lì de dà cǎo mào tā jiù shì tǔ xīng wǒ
顶美丽的‘大草帽’，它就是土星，我

men zhè yī qī yǔ zhòu tàn suǒ bào
们这一期《宇宙探索报》

de zhǔ jué
的主角！”

戴草帽的土星

土星美丽的“大草帽”

tǔ xīng chì dào de shàng kōng huán rào zhe yī quān quān wǔ yán liù sè de guāng
土星赤道的上空环绕着一圈圈五颜六色的光

huán jiù xiàng gěi tǔ xīng dài le yī dǐng dà cǎo mào yuán lái zhè xiē
环，就像给土星戴了一顶大草帽。原来，这些

guāng huán yóu xǔ xǔ duō duō bù tóng xíng zhuàng bù tóng dà xiǎo de bīng dòng
光环由许许多多不同形状、不同大小的冰冻

yán shí zǔ chéng tā men xiàng jìng zi yī yàng bǎ tài yáng guāng fǎn
岩石组成，它们像镜子一样把太阳光反

shè chū lái shǐ tǔ xīng guāng huán chéng xiàn chū wǔ cǎi bān lán
射出来，使土星光环呈现出五彩斑斓

de yán sè
的颜色。

土星结构示意图

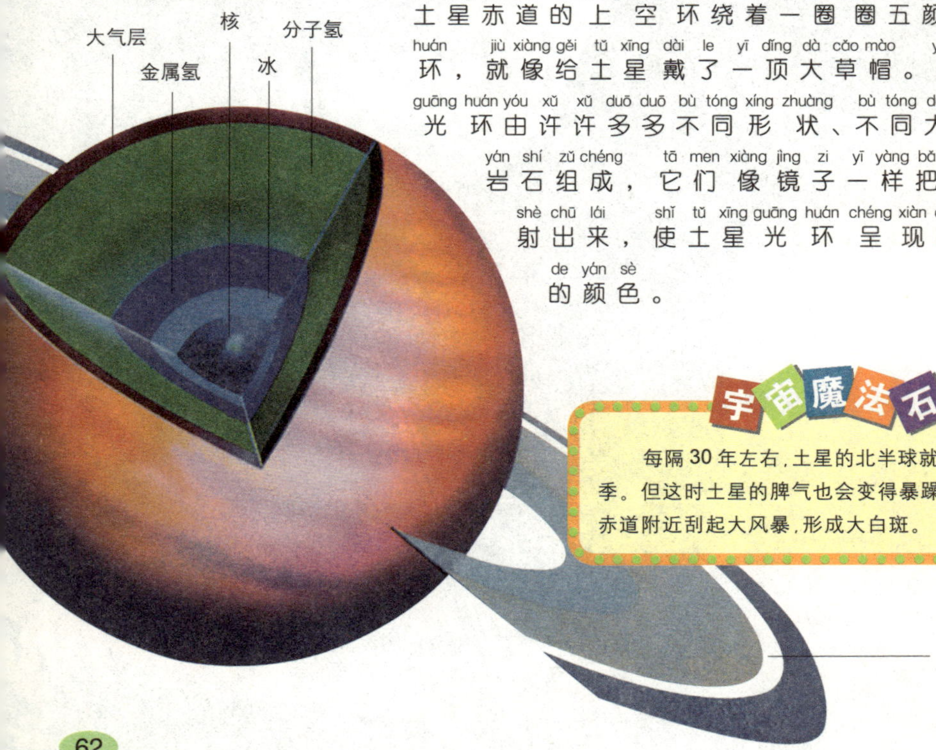

宇宙魔法石

每隔 30 年左右，土星的北半球就会迎来它的夏季。但这时土星的脾气也会变得暴躁起来，它会在赤道附近刮起大风暴，形成大白斑。

“草帽”上有裂缝

tǔ xīng de dà cǎo mào shì yóu shù qiān ge tóng xīn
土星的“大草帽”是由数千个同心
yuán huán zǔ chéng de dàn shì zài qí zhōng liǎng ge huán zhī
圆环组成的。但是在其中两个环之
jiān yǒu yī tiáo bǐ jiào kuān de hēi àn de kòng xì dài
间有一条比较宽的、黑暗的空隙带，
zhè ge kòng xì dài yóu yī ge míng jiào kǎ xī ní de rén fā
这个空隙带由一个名叫卡西尼的人发
xiàn wèi le jì niàn tā dì qiú shang de rén men jiù bǎ zhè
现，为了纪念他，地球上的人们就把这
tiáo liè fèng jiào zuò kǎ xī ní huán fèng
条裂缝叫做“卡西尼环缝”。

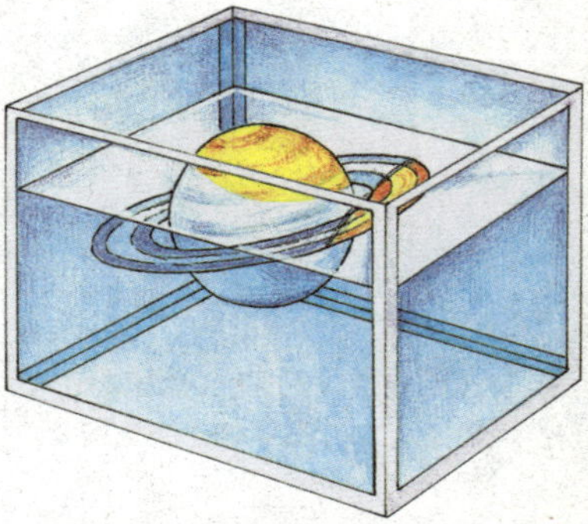

土星能浮在水面上。

土星环近景

能浮在水面上的土星

jǐn guǎn tǔ xīng shì tài yáng xì lǐ de dì èr dà xíng xīng dàn tā
尽管土星是太阳系里的第二大行星，但它
què shì yī ge xū pàng zi rú guǒ néng zhǎo dào yī
却是一个“虚胖子”。如果能找到一
ge zú yǐ bǎ tǔ xīng zhuāng jìn qù de jù dà shuǐ xiāng de
个足以把土星装进去的巨大水箱的
huà wǒ men jiù néng kàn dào tǔ xīng huì piāo fú zài shuǐ miàn
话，我们就能看到土星会漂浮在水面
shang zhè shì yīn wèi tǔ xīng shì yī ge qì tǐ xīng qiú
上。这是因为土星是一个气体星球，
ér qiě tā de nèi bù wù zhì jié gòu fēi cháng shū sōng
而且它的内部物质结构非常疏松。

巨大的奶油糖果

cóng tài kōng zhōng kàn tǔ xīng de biǎo miàn chéng xiàn chū yī zhǒng róu
从太空中看，土星的表面呈现出一种柔
hé de nǎi yóu sè yuán lái tǔ xīng de yún céng yě xiàng
和的奶油色。原来土星的云层也像
mù xīng yī yàng chéng tiáo wén zhuàng fēn bù
木星一样，成条纹状分布。
zhǐ shì tǔ xīng de yún céng gèng dī ér qiě
只是土星的云层更低，而且
zài yún céng zhī shàng hái yǒu yī céng báo
在云层之上还有一层薄
báo de wù suǒ yǐ kàn qǐ lái gèng píng
薄的雾，所以看起来更平
tǎn yě gèng guāng huá jiù xiàng yī kē
坦，也更光滑，就像一颗
jù dà de nǎi yóu táng guǒ
巨大的奶油糖果。

经过着色处理后的土星环

yǒu míng qì de tǔ xīng wèi xīng
有名气的土星卫星

zài tài yáng xì zhōng tǔ xīng wèi xīng de míng qì bìng bù bǐ tǔ xīng xiǎo suǒ yǐ wǒ men de bào dào bù kě néng cuò guò zhè xiē jiā huo yǐ xià jiù shì bù hǎi pà fā huí de bào dào

"在太阳系中，土星卫星的名气并不比土星小。所以，我们的报道不可能错过这些家伙。以下就是布海帕发回的报道。"

土星家族

土星和它的卫星

人口众多的土星家族

tǔ xīng shì tài yáng xì zhōng lìng yī kē yōng yǒu jiào duō wèi xīng de xíng xīng tǔ xīng hé tā de zhè xiē wèi xīng hái zi zǔ chéng le yí ge dà jiā tíng qí zhōng yǒu ge shì zhí jìng zài qiān mǐ yǐ xià de xiǎo bu diǎnr yǒu ge shì zhí jìng zài qiān mǐ zhī jiān de zhōng děng gèr lìng wài hái yǒu yí ge shì zhí jìng wéi qiān mǐ de dà gè zi

土星是太阳系中另一颗拥有较多卫星的行星，土星和它的这些卫星孩子组成了一个大家庭。其中有11个是直径在300千米以下的"小不点儿"，有6个是直径在400~1500千米之间的"中等个儿"，另外还有一个是直径为5150千米的"大个子"。

宇宙魔法石

土星的卫星中最奇妙的就是土卫八了。它是一颗双面卫星，一半是明亮的白色，另一半却像碳一样黑。原来土卫八较亮的部分覆盖着大面积的冰层，较暗的一面则被一种类似陨石的碳化物覆盖着。

泰坦大卫星

土星卫星中的“大个头儿”是土卫六，又叫泰坦大卫星。它是太阳系中的第二大卫星，仅次于木卫三，直径也比水星大。泰坦大卫星上覆盖着厚厚的大气层，大气中还含有有机物。这在太阳系中，是除了地球之外绝无仅有的现象！

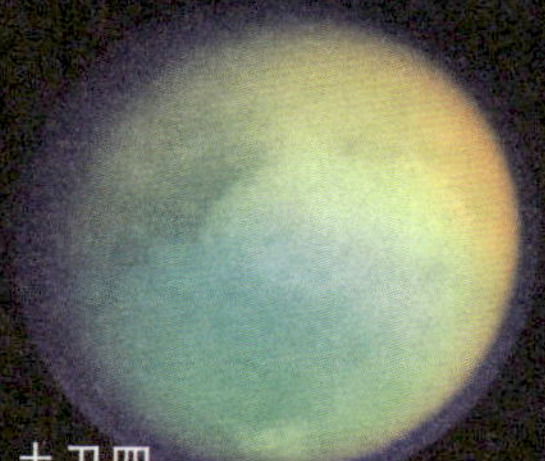
土卫四

拥有伴星的卫星

土卫四是土星卫星中唯一拥有伴星的卫星。土卫四绕着土星转动的同时，在它的身边还有一颗更小的土卫四B绕着土卫四转动。而在土卫四B的附近，还有一颗更小的伴星，它们三者共同构成了一个奇妙的组合体。

牧羊人卫星

牧羊人卫星是指那些能够通过自己的重力作用，保护行星的光环不破裂四散的卫星。因为它们的作用就像牧羊人一样，所以被叫做牧羊人卫星。比如土卫十六和土卫十七就是牧羊人卫星，这两颗卫星分别处于土星一条光环的两侧，时时刻刻保护着光环。

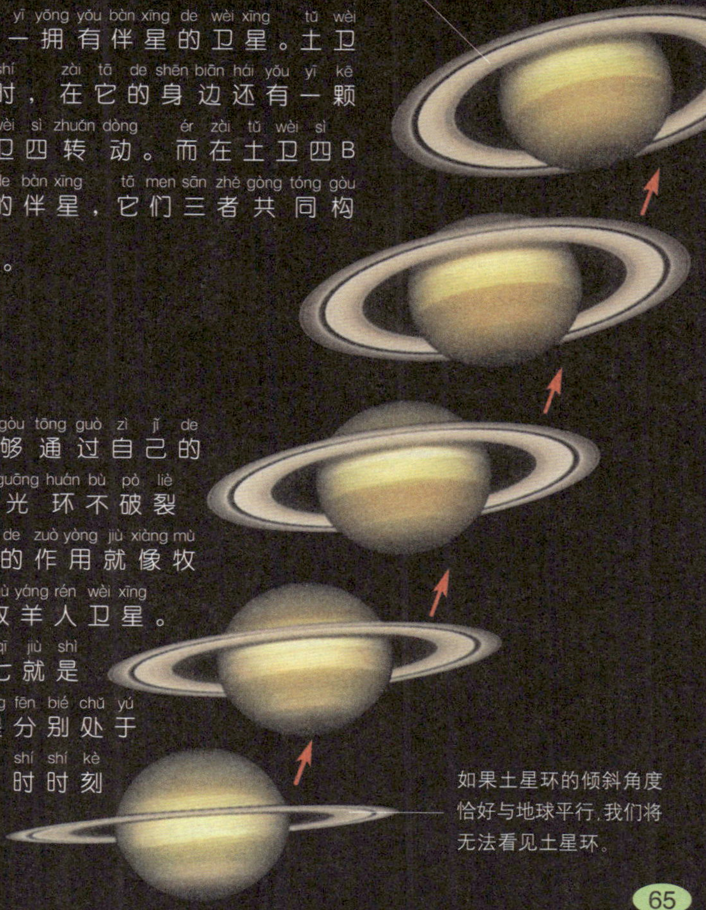
土星环的倾斜角度变化周期与绕日公转的周期相同，大约都是29.5年，此时环的倾斜角最大。

如果土星环的倾斜角度恰好与地球平行，我们将无法看见土星环。

tǎng zhe zì zhuàn de tiān wáng xīng
躺着自转的天王星

天王星

wǒ men de xīn wén bào dào chuán zhèng zài xiàng tài yáng
“我们的新闻报道船 正在向太阳
xì yuǎn chù fēi qù zhè shí qián miàn chū xiàn le yī kē
系远处飞去。这时，前面出现了一颗
měi lì de hǎi lǜ sè de xíng xīng yuán lái shì tiān wáng xīng
美丽的海绿色的行星。原来是天王星
dào le wǒ men qù hǎo hāo cān guān yī xià ba
到了。我们去好好参观一下吧！”

懒惰的天王星

天王星的自转方向与地球有着较大的差异。

tiān wáng xīng jiù xiàng shì tài yáng xì jiā tíng zhōng
天王星就像是太阳系家庭中
yī ge lǎn duò de hái zi yī yàng zěn me yě
一个懒惰的孩子一样，怎么也
bù kěn zhàn qǐ lái tā de zì zhuàn hé gōng zhuàn dōu
不肯站起来，它的自转和公转都
shì tǎng zhe jìn xíng de yú shì yǒu rén cāi cè tiān wáng xīng kě néng zài hěn jiǔ yǐ qián bèi lìng
是躺着进行的。于是，有人猜测天王星可能在很久以前，被另
yī ge tiān tǐ zhuàng dǎo le zhī hòu tā jiù zài yě méi yǒu pá qǐ lái
一个天体撞倒了，之后它就再也没有“爬”起来。

宇宙魔法石

天王星的磁场非常怪异，它的南北磁极和地理上的南北方向相差很远，而且有很多个极。所以，如果把地球上的指南针拿到天王星上的话，它会永远找不着“北”的。

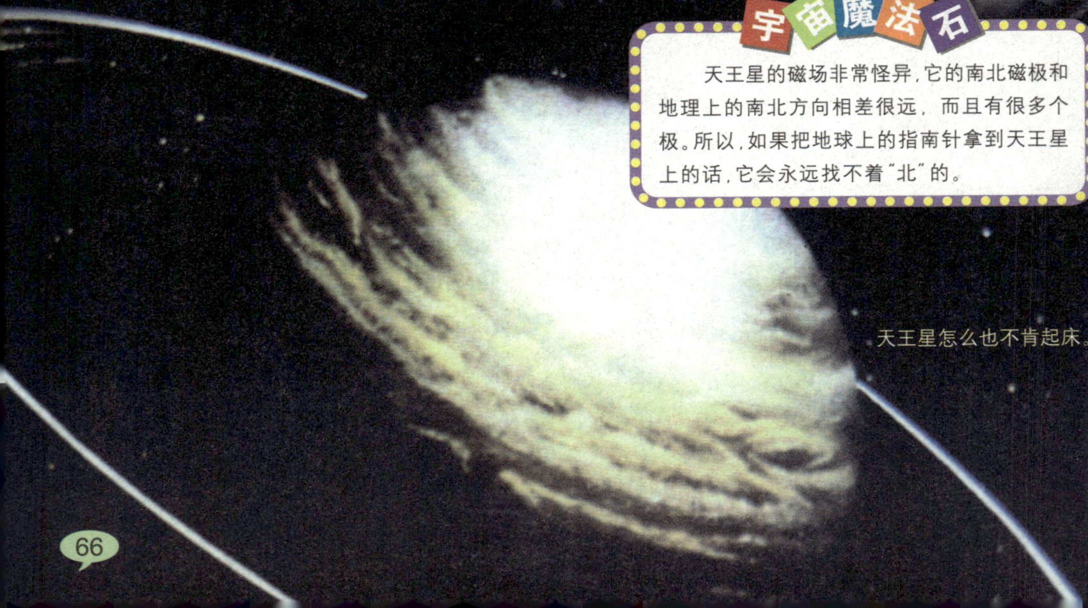
天王星怎么也不肯起床。

天王星的自转

漫长的一年

天王星上的时间显得很漫长，它过完一年四季，也就是绕太阳公转一周的时间，相当于地球上的84年。其中冬天是21年的漫长黑夜，夏季是21年的连续白天，春天和秋天则有正常的昼夜交替，是不是很有趣呢！

冷冰冰的星球

天王星是一个冷冰冰的星球，它不像其他的行星兄弟一样，有一个温度极高的内核。天王星的中心温度只有2000℃~3000℃，所以不能为自身提供足够的热能。而且在天王星的核心外面还包裹着一层厚厚的、由冰组成的幔，这就更加使天王星变成一个寒冷的世界。

巨大而黯淡的环

天王星也像土星一样有自己的光环，不过它的这顶“草帽”可比土星的差远了。天王星环直径的大小虽然和土星环差不多，而且也由尘土和冰块组成。但是它的宽度却只有50米，因此反射的太阳光很少，看起来就非常黯淡了。

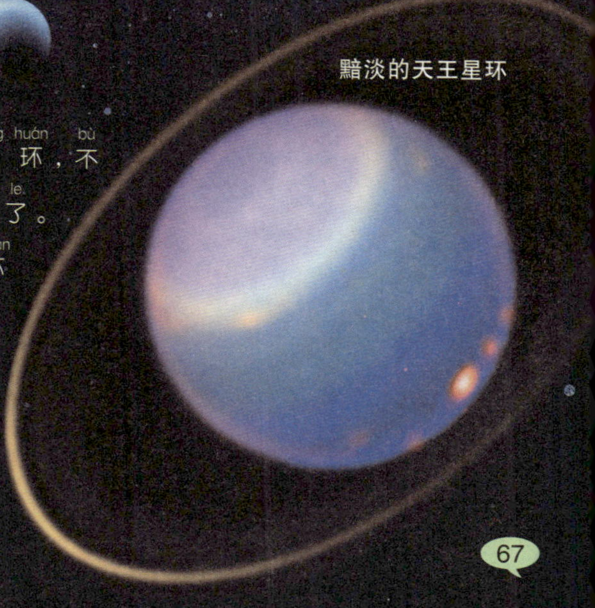
黯淡的天王星环

lán sè hǎi wáng xīng
蓝色海王星

lí kāi le tiān wáng xīng wǒ men de xià yī ge mù biāo jiù shì hǎi wáng xīng
“离开了天王星，我们的下一个目标就是海王星。
cóng kōng zhōng kàn tā shì yī kē zhàn lán sè de xīng qiú suǒ yǐ dì qiú shang de gǔ
从空中看，它是一颗湛蓝色的星球，所以地球上的古
xī là rén jiù yǐ hǎi wáng xīng lái dài biǎo hǎi shén bō sài
希腊人就以海王星来代表海神波塞
dōng nà me hǎi wáng xīng de pí qi shì bù shì
冬。那么海王星的‘脾气’是不是
yě xiàng bō sài dōng yī yàng bào zào ne
也像波塞冬一样暴躁呢？”

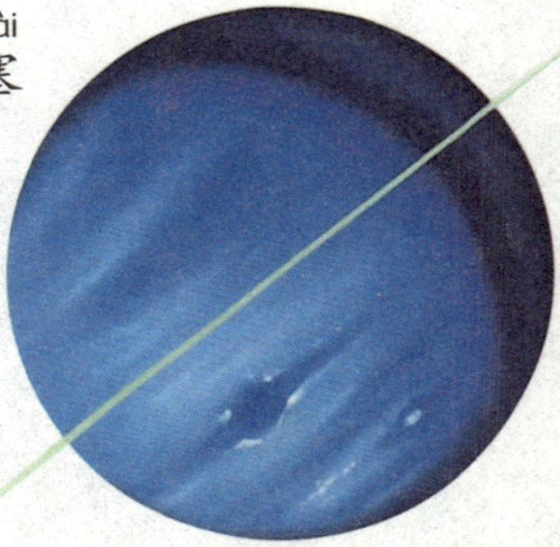
湛蓝的海王星

美丽的蓝色星球

hǎi wáng xīng chéng xiàn chū piào liang de zhàn lán sè nà bìng bù shì yīn wèi hǎi
海王星呈现出漂亮的湛蓝色，那并不是因为海
wáng xīng shang yǒu wú biān wú jì de dà hǎi ér shì yīn wèi hǎi wáng xīng de dà qì zhōng hán yǒu shǎo liàng de jiǎ
王星上有无边无际的大海，而是因为海王星的大气中含有少量的甲
wán jiǎ wán kě yǐ xī shōu tài yáng guāng zhōng de hóng guāng zhè yàng lán sè de guāng jiù liú zài le dà qì zhōng
烷。甲烷可以吸收太阳光中的红光，这样蓝色的光就留在了大气中。
suǒ yǐ cóng tài kōng zhōng guān chá hǎi wáng xīng jiù shì yī kē měi lì de lán sè xīng qiú
所以从太空中观察，海王星就是一颗美丽的蓝色星球。

海王星上大风暴的风速比地球飓风要快 20 多倍。

海王星上的大风暴

hǎi wáng xīng de dà qì zhōng yǒu xǔ duō qì
海王星的大气中有许多气
xuán hé fēng bào tā men chéng dài zhuàng fēn
旋和风暴，它们呈带状分
bù bìng qiě huì hū xiào zhe dào chù luàn cuàn
布，并且会呼啸着到处乱窜。
zhè zhǒng qì xuán hé fēng bào de fēng lì zài tài
这种气旋和风暴的风力在太
yáng xì zhōng kě yǐ shuō shì zuì qiáng jìng de
阳系中可以说是最强劲的，
fēng sù shèn zhì chāo guò le dì qiú shang pǎo
风速甚至超过了地球上跑
de zuì kuài de fēi jī
得最快的飞机。

大黑斑

mù xīng shang yǒu kuài dà hóng bān hǎi wáng xīng shang
木星上有块“大红斑”，海王星上
què yǒu kuài dà hēi bān dà hēi bān wèi yú hǎi
却有块“大黑斑”。大黑斑位于海
wáng xīng de nán bàn qiú miàn jī dà yuē shì mù xīng dà
王星的南半球，面积大约是木星大
hóng bān de yī bàn hé dì qiú de dà xiǎo chà bù duō
红斑的一半，和地球的大小差不多。
tā shì hǎi wáng xīng shang yī chù qiáng liè de fēng bào qū
它是海王星上一处强烈的风暴区
yù xiàn zài zhèng yǐ měi miǎo mǐ de sù dù xiàng hǎi
域，现在正以每秒300米的速度向海
wáng xīng de xī bian yí dòng zhe
王星的西边移动着。

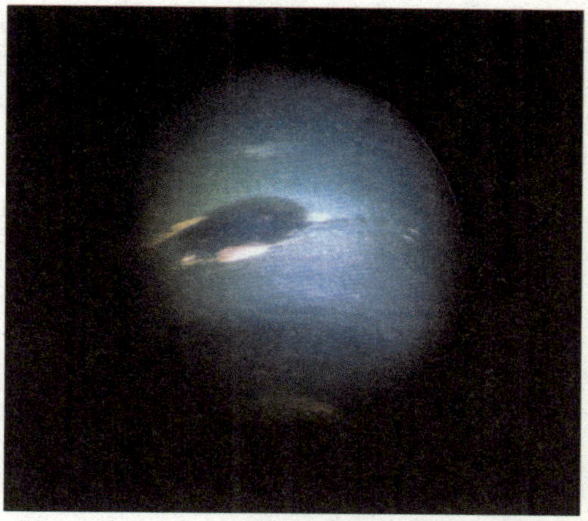

海王星表面上刺眼的大黑斑

旅行者2号飞船拍摄到的海王星和海卫一。

喷冰的海卫一

hǎi wáng xīng yě yǒu kē wèi xīng péng you qí zhōng hǎi wèi yī shì tài yáng
海王星也有8颗卫星“朋友”，其中海卫一是太阳
xì zhōng wéi yī cún zài huó huǒ shān de wèi xīng dàn shì hǎi wèi yī shang de
系中唯一存在活火山的卫星。但是海卫一上的
huǒ shān pēn chū de bìng bù shì zhì rè de yán jiāng ér shì bái sè de bīng xuě
火山喷出的并不是炙热的岩浆，而是白色的冰雪
kuài hé huáng sè de bīng dàn kē lì yóu yú hǎi wèi yī de zhòng lì hěn xiǎo
块和黄色的冰氮颗粒。由于海卫一的重力很小，
zhè xiē pēn fā wù kě yǐ cuàn dào qiān mǐ de gāo kōng ne zhè jiù xíng
这些喷发物可以窜到32千米的高空呢！这就形
chéng le hǎn jiàn de bīng pēn quán
成了罕见的“冰喷泉”。

正在喷冰的海卫一

宇宙魔法石

1846年，法国人勒威耶和英国人亚当斯计算出干扰天王星运动的第八颗行星的位置，后来人类果然在这个位置附近找到了海王星。于是海王星成了“笔尖下发现的行星”。

最小最冷的冥王星

“终于，我们要去探访太阳系中最后的一颗行星——冥王星了。人类对这个星球的了解还不多。不过我布海帕的报道一定会带给大家许多有趣的新闻。”

忽远忽近的冥王星

冥王星虽然距离太阳最远，但由于它运行的轨道非常扁，而且这条轨道还会和海王星的轨道相交，所以冥王星有时会跑到海王星的轨道内侧。这个时候，海王星就变成了离太阳最远的行星了。

太空画：冰冷的冥王星

阴冷黑暗的世界

冥王星正如它的名字一样，阴冷黑暗。它是太阳系中离太阳最远的一颗行星，从太阳那儿接受的光和热只有地球的几万分之一。因此，冥王星上很黑暗，它面向太阳一面的表面温度只有—220℃，而背向太阳的一面，温度就更低了。

冥王星是太阳系中最小的行星

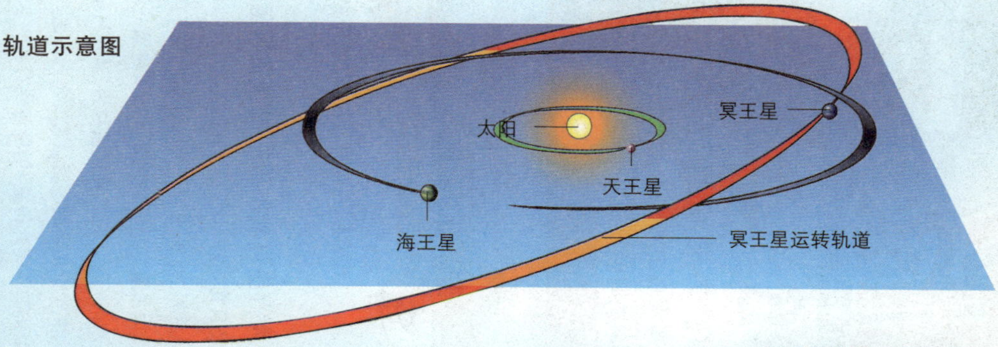

冥王星的大小和构造

míng wáng xīng shì tài yáng xì jiǔ dà xíng xīng zhōng zuì xiǎo de yī kē
冥王星是太阳系九大行星中最小的一颗，
tā de zhí jìng zhǐ yǒu yuè qiú zhí jìng de sān fēn zhī èr tài yáng xì
它的直径只有月球直径的三分之二，太阳系
zhōng yǒu kē wèi xīng dōu bǐ tā dà míng wáng xīng shì yóu de
中有7颗卫星都比它大。冥王星是由70%的
yán shí hé de bīng hùn hé gòu chéng de biǎo miàn hái yǒu xǔ duō
岩石和30%的冰混合构成的，表面还有许多
yóu xiǎo xīng tǐ zhuàng jī ér xíng chéng de yǔn shí kēng
由小星体撞击而形成的陨石坑。

冥王星的构造示意图

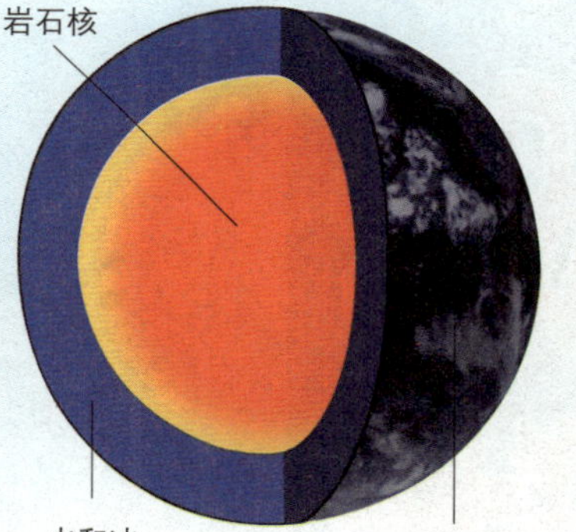

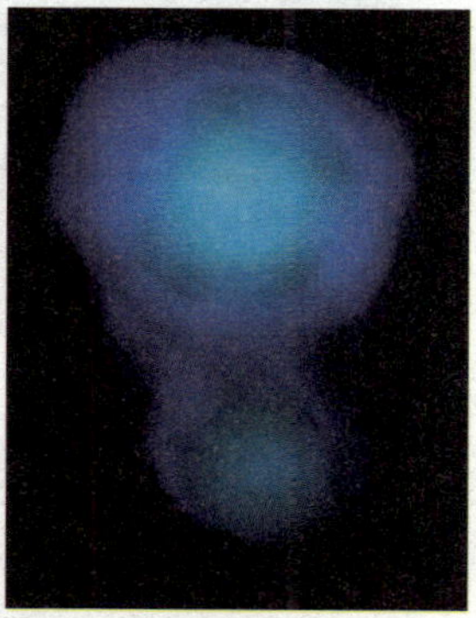

冥王星和它的卫星冥卫一

冥王星的好兄弟

míng wáng xīng de wèi xīng míng wèi yī jiào zhā lóng tā hé míng wáng xīng de
冥王星的卫星冥卫一叫“查龙”，它和冥王星的
guān xì bù xiàng fù zǐ gèng xiàng xiōng dì zhā lóng de gè tóur shì míng
关系不像父子更像兄弟。“查龙”的个头儿是冥
wáng xīng de yī bàn tǐ zhòng shì míng wáng xīng de shí fēn zhī yī zhā lóng de
王星的一半，体重是冥王星的十分之一。查龙的
gōng zhuàn hé zì zhuàn zhōu qī dōu hé míng wáng xīng yī yàng zhè jiù yì wèi zhe
公转和自转周期都和冥王星一样，这就意味着
zhā lóng shǐ zhōng yǐ xiāng tóng de yī miàn duì zhe míng wáng xīng bìng qiě gù dìng zài
查龙始终以相同的一面对着冥王星，并且固定在
míng wáng xīng shàng kōng de mǒu yī chù
冥王星上空的某一处。

宇宙魔法石

冥王星表面的冰层会不断地融化又不断地冻结。当冥王星运行到离太阳最近的轨道时，它的表面温度正好可以让一部分冰变成气体。当它远离太阳时，气体会再次冻结，在冥王星的表面形成新的冰层。

宇宙探索报

2006

本期《宇宙探索报》太阳系特派员布海帕，从太阳系神秘星球发回的报道

主编 严要求　太阳系特派员 布海帕　宇宙及银河系驻地记者 尤丽丝　地球航天事业跟踪观察员 叮 当

寻找太阳系新成员

第十大行星出现啦！

■工作中的太空探测器

■行星

特别报道 布海帕

采访对象：

都怀疑——地球 A 国天文台研究员

第十大行星可能出现的位置在哪里？

如果真有第十大行星的话，它是不太可能出现在九大行星之间的。那么它可能出现的地方只有两个：水星轨道以内或冥王星轨道以外。如果是第一种情况则被称为“水内行星”，第二种则被称为“冥外行星”。经过地球上天文学家多年的观测认定，“水内行星”的可能性基本可以排除，“冥外行星”倒是可能存在的。

美国一些天文学家在 2005 年 7 月底宣称：他们发现了太阳系内第十大行星。这颗行星位于太阳系外围的柯依伯带，距离太阳约 97 个天文单位，也就是相当于地球到太阳的距离的 97 倍。

天文学家把这颗有可能是太阳系第十大行星的星体暂时命名为 “2003-UB313”。它的体积要比冥王星大，因为从它的亮度上来判断的话，它的直径至少相当于冥王星的 1.5 倍。

■九大行星

这个星体呈圆形，可能是冥王星的 1.5~2 倍大。在柯依伯带的众星体中，它的亮度排名第三。但它以前之所以没有被注意，是因为它的轨道平面和其他行星的轨道平面成 45 度角，在地球上看起来 “出没无常”。

天文学家在宣布发现第十大行星的同时，估计这个新天体附近有卫星。但哈勃太空望远镜经过观测却没有发现这个预测中的卫星。有的天文学家猜测这是由于这颗神秘卫星太暗的原因造成的。

文/布海帕

这颗行星的“老十”地位是否可以确定了呢？

目前将 “2003-UB313” 确定为太阳系第十大行星还为时过早，因为我们还没有找到足够的科学依据。这个最终应由国际天文学联合会（IAU）来予以确定，这一确定过程大约需要 10~20 年的时间。

新闻背景

太阳系九大行星发现历程

1. 水星：在公元前 3000 年左右已被两河流域地区的苏美尔人发现。

2. 金星：史前发现。

3. 地球。

4. 火星：史前被占星师发现。

5. 木星：九星之冠，史前发现。

6. 土星：意大利科学家伽利略于 1610 年发现环绕在外的土星环。

7. 天王星：英国天文学家威廉·赫歇尔于 1781 年发现。

8. 海王星：法国天文学家勒威耶于 1846 年计算出其轨道。

9. 冥王星：美国天文学家克莱德·汤博于 1930 年发现冥王星。

■九大行星

第二章

神秘的宇宙与银河系

yǔ zhòu kě néng qǐ yuán yú yī cì dà bào zhà yǔ zhòu de dà hǎi yáng
宇宙可能起源于一次大爆炸，宇宙的大海洋
zhōng yǒu wú shù xīng xì dǎo yǔ yín hé xì yǒu xǔ duō tiáo dà shǒu bì
中有无数星系“岛屿”，银河系有许多条“大手臂”，
xīng xing dōu ài zhā juīr jǐ zài yī qǐ héng xīng yě huì cóng yī ge xiǎo
星星都爱扎堆儿挤在一起，恒星也会从一个“小
hái zi biàn chéng yī ge lǎo yé ye shén mì de hēi dòng néng gòu tūn shì
孩子”变成一个“老爷爷”，神秘的黑洞能够吞噬
yī qiē wù zhì zhè xiē nǐ dōu tīng shuō guò ma
一切物质……这些你都听说过吗？

hào hàn de yǔ zhòu yǒu xǔ duō mì mì cuǐ càn de yín hé xì gèng ràng
浩瀚的宇宙有许多秘密，璀璨的银河系更让
rén tàn wéi guān zhǐ zhī shi yuān bó de yǔ zhòu tàn suǒ bào yǔ zhòu jí
人叹为观止。知识渊博的《宇宙探索报》宇宙及
yín hé xì de zhù dì jì zhě yóu lì sī bù jǐn huì gào su wǒ men guān yú
银河系的驻地记者尤丽丝，不仅会告诉我们关于
yǔ zhòu hé yín hé xì de zhī shi hái huì dài lǐng wǒ men qù tàn fǎng zuì yáo yuǎn
宇宙和银河系的知识，还会带领我们去探访最遥远
de xīng tǐ wèi wǒ men bào dào zuì xīn de yǔ zhòu shì jiàn suǒ yǐ běn qī
的星体，为我们报道最新的宇宙事件。所以，本期
de yǔ zhòu tàn suǒ bào shì jué duì jīng cǎi jué duì bù róng cuò guò de
的《宇宙探索报》是绝对精彩，绝对不容错过的！

yǔ zhòu de dàn shēng
宇宙的诞生

zhǔ biān nín hǎo wǒ jiào yóu lì sī shì
“主编，您好！我叫尤丽丝，是
yǔ zhòu jí yín hé xì de zhù dì jì zhě cóng jīn tiān
宇宙及银河系的驻地记者。从今天
kāi shǐ wǒ jiāng wèi dú zhě bào dào yǒu guān yǔ zhòu hé
开始，我将为读者报道有关宇宙和
yín hé xì de xīn wén zài bào dào zhī qián wǒ xiān
银河系的新闻。在报道之前，我先
wèi dà jiā jiè shào yī xià
为大家介绍一下
yǔ zhòu de bèi jǐng
宇宙的背景
zī liào
资料！

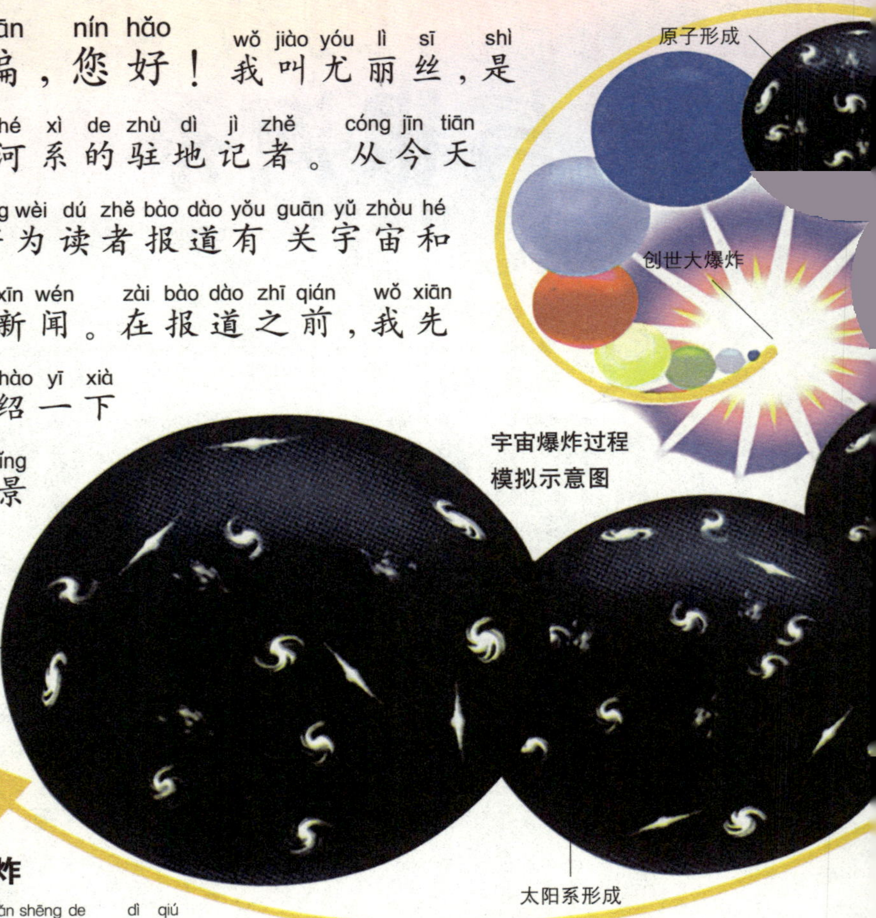

宇宙爆炸过程模拟示意图

宇宙大爆炸

yǔ zhòu shì zěn me chǎn shēng de dì qiú
宇宙是怎么产生的？地球
shang de kē xué jiā pǔ biàn rèn wéi yǔ zhòu chǎn shēng
上的科学家普遍认为，宇宙产生
yú yī cì dà bào zhà zuì chū yǔ zhòu zhǐ shì yī
于一次大爆炸。最初，宇宙只是一
ge diǎn suǒ yǒu wù zhì dōu jí zhōng zài zhèr yóu
个点，所有物质都集中在这儿。由
yú mǒu zhǒng yuán yīn zhè ge diǎn bào zhà le wù
于某种原因，这个点爆炸了，物
zhì xiàng wài fēi sàn yǔ zhòu jiù xiàng sì miàn bā fāng
质向外飞散，宇宙就向四面八方
péng zhàng yú shì yǔ zhòu dàn shēng le
膨胀，于是宇宙诞生了。

宇宙魔法石

1999 年，印度天文学家纳尔利卡尔等人提出一种新的宇宙起源理论——“亚稳状态宇宙论”。他们认为，宇宙在最初的时候是一个巨大的能量库，它渐渐膨胀，孕育了无数个子宇宙、孙宇宙。这些大大小小的宇宙不断发生爆炸，逐渐形成了宇宙的雏形。

大爆炸之后

dà bào zhà zhī hòu yǔ zhòu de wēn dù xùn sù xià jiàng dāng wēn dù xià jiàng dào wàn shè shì dù hòu yǔ zhòu
大爆炸之后，宇宙的温度迅速下降，当温度下降到100万摄氏度后，宇宙
zhōng xíng chéng le zhì zǐ diàn zǐ guāng zǐ hé yī xiē bǐ jiào qīng de yuán zǐ hé zhè shí yǔ zhòu zhōng hái
中形成了质子、电子、光子和一些比较轻的原子核。这时，宇宙中还
bù cún zài rèn hé xīng tǐ dāng wēn dù xià jiàng dào jǐ qiān shè shì dù hòu yǔ zhòu zhōng cái chū xiàn le qì tài
不存在任何星体。当温度下降到几千摄氏度后，宇宙中才出现了气态
de wù zhì qì tài de wù zhì màn màn níng jù chéng xīng yún zài jìn yī bù xíng chéng gè zhǒng gè yàng de héng
的物质，气态的物质慢慢凝聚成星云，再进一步形成各种各样的恒
xīng xīng xì zhè shí wǒ men de yǔ zhòu cái jī běn xíng chéng
星星系，这时我们的宇宙才基本形成。

宇宙的构成

nǐ wán guò tào hé zi yóu xì ma dà hé
你玩过套盒子游戏吗？大盒
zi lǐ miàn tào xiǎo hé zi xiǎo hé zi lǐ
子里面套小盒子，小盒子里
miàn hái yǒu gèng xiǎo de hé zi yǔ zhòu
面还有更小的盒子……宇宙
jiù xiàng shì yī ge dà hé zi tā yóu wú shù xiǎo hé
就像是一个大盒子，它由无数小盒
zi xīng xì zǔ chéng qí zhōng yín hé xì zhè ge
子——星系组成。其中银河系这个
xiǎo hé zi zhōng hái yǒu gèng xiǎo de hé zi tài yáng
小盒子中还有更小的盒子——太阳
xì tài yáng xì zé bāo hán zhe jiǔ dà xíng xīng
系，太阳系则包含着九大行星。

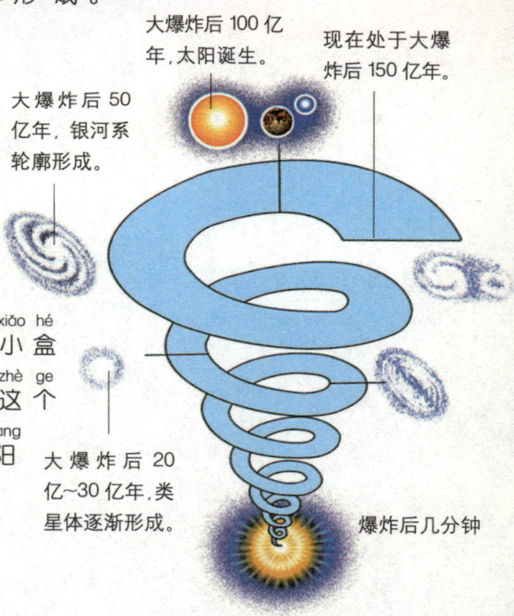

宇宙演化过程示意图

宇宙的年龄

shuō dào yǔ zhòu de nián líng wǒ men kě bù néng yòng píng cháng de biāo zhǔn
说到宇宙的年龄，我们可不能用平常的标准
lái jì suàn děi yòng yì nián wéi dān wèi bìng qiě zhǐ néng gēn jù
来计算，得用亿年为单位，并且只能根据
héng xīng xíng xīng xíng chéng de shí jiān jìn xíng tuī cè
恒星、行星形成的时间进行推测。
jù rén lèi kē xué jiā men jì suàn dì qiú de
据人类科学家们计算，地球的
nián líng yuē wéi yì yì nián tài
年龄约为40亿～50亿年，太
yáng nián líng wéi yì yì nián
阳年龄为50亿～60亿年，
ér yǔ zhòu nián líng zé gèng dà
而宇宙年龄则更大，
dà yuē wéi yì yì nián
大约为80亿～180亿年。

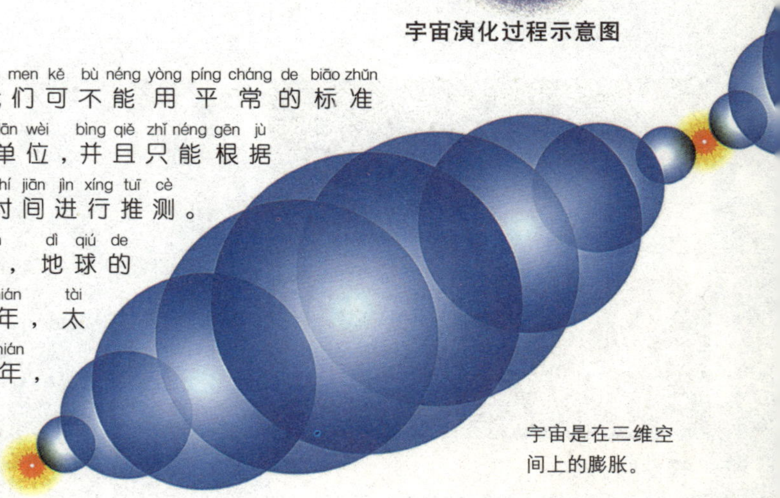

宇宙是在三维空间上的膨胀。

guān yú yǔ zhòu

关于宇宙

yǔ zhòu dào dǐ yǒu duō dà　tā yòu shì shén me yàng zi
“宇宙到底有多大？它又是什么样子
de ne　miàn duì hào hàn de yǔ zhòu　wǒ men cháng cháng huì
的呢？面对浩瀚的宇宙，我们常常会
chǎn shēng zhè xiē yí wèn　nà xiàn zài jiù yóu wǒ zài tài kōng
产生这些疑问，那现在就由我在太空
zhōng wéi dà jiā jìn xíng yí xià xiàn chǎng jiě shuō ba
中为大家进行一下现场解说吧。”

人类已经尽量把触角深向宇宙深处。

无边无际的宇宙

yǔ zhòu kě yǐ shuō shì wú biān wú jì de　zhòng suǒ zhōu zhī guāng de sù dù fēi cháng
宇宙可以说是无边无际的。众所周知光的速度非常
kuài　měi miǎo zhōng kě yǐ rào dì qiú chì dào qī quān　dàn shì cóng mù qián yǐ zhī de
快，每秒钟可以绕地球赤道七圈。但是从目前已知的
zuì yáo yuǎn de xīng xì fā chū de guāng　dào dá dì qiú yě xū yào yì nián　ér
最遥远的星系发出的光，到达地球也需要100亿年，而
nà ge yáo yuǎn de xīng xì què hái yuǎn yuǎn bù shì yǔ zhòu de biān yuán　kě jiàn
那个遥远的星系却还远远不是宇宙的边缘。可见，
yǔ zhòu zhī dà zhēn shì nán yǐ xiǎng xiàng de
宇宙之大真是难以想象的。

瑰丽的宇宙

“超级变色龙”

yǔ zhòu yě yǒu zì jǐ de yán sè　ér qiě tā de yán sè hái
宇宙也有自己的颜色，而且它的颜色还
huì bù duàn de biàn huà　rén lèi de kē xué jiā men zài duì
会不断地变化。人类的科学家们在对
yì xiē shù jù fēn xī hòu rèn dìng　yǔ zhòu xiàn zài de yán
一些数据分析后认定，宇宙现在的颜
sè cóng zǒng tǐ shang shuō yīng gāi shì mǐ sè de　bú guò
色从总体上说应该是米色的。不过，
rén lèi gēn běn kàn bú dào yǔ zhòu de yán sè　yīn wèi nà yào
人类根本看不到宇宙的颜色，因为那要
zhàn dào yǔ zhòu yǐ wài cái yǒu kě néng　ér rén lèi xiàn zài
站到宇宙以外才有可能，而人类现在
hái méi yǒu zhè ge néng lì
还没有这个能力。

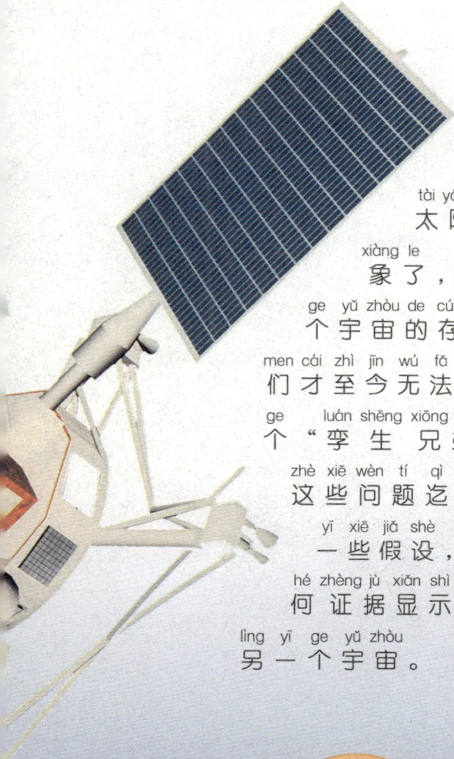

宇宙有“孪生兄弟”吗

太阳系所在的这个宇宙已经大得超出人们的想象了，那么除了我们这个宇宙之外，还会有另外一个宇宙的存在吗？还是因为我们的宇宙实在太大了，我们才至今无法发现宇宙的那个“孪生兄弟”呢？不过，这些问题迄今为止还只是一些假设，目前还没有任何证据显示宇宙之外还有另一个宇宙。

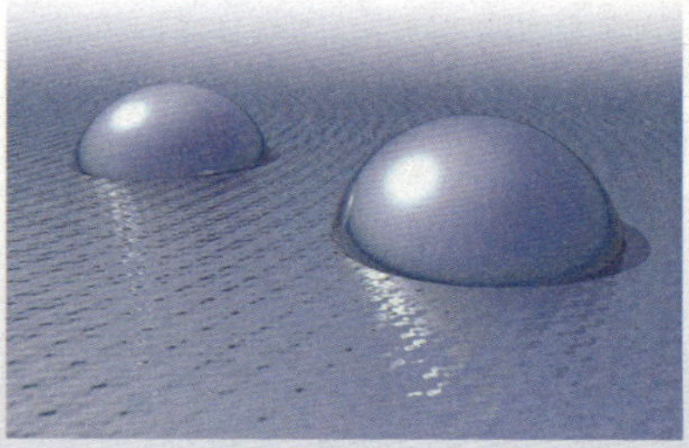

宇宙会有“孪生兄弟”吗？

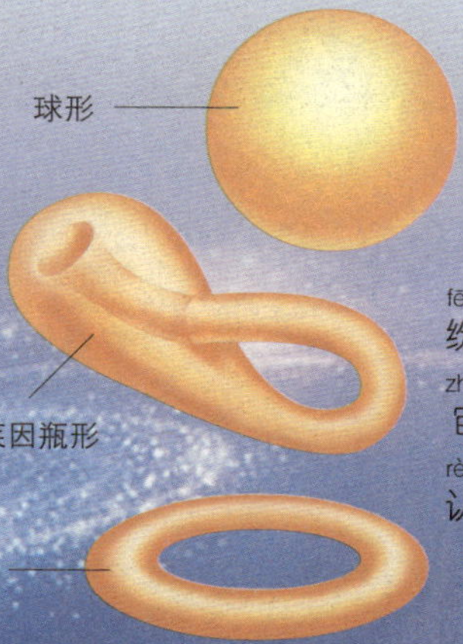

宇宙是什么形状的

宇宙有形状吗？如果有的话，那它是圆的还是扁的呢？现在，人类的科学家们也在纷纷猜测宇宙的形状。大多数科学家认为宇宙比较扁，而且比较平坦。但是也有些科学家认为宇宙可能呈球形或者克莱因瓶形，甚至可能像一个轮胎。

神秘的宇宙

宇宙魔法石

如果把宇宙诞生的历程浓缩在一年的时间里，列一个“宇宙年历表”的话，我们就会得到一些非常有趣的数字：1月10日，大爆炸发生，宇宙诞生；5月1日，银河系形成；9月14日，地球问世。

yǔ zhòu de yǎn biàn

宇宙的演变

yǔ zhòu dàn shēng hòu jīng lì le
“宇宙诞生后经历了
zěn yàng de yǎn biàn tā zuì hòu de mìng
怎样的演变？它最后的命
yùn yòu jiāng rú hé yǔ zhòu hé yín
运又将如何？宇宙和银
hé xì de zhù dì jì zhě yóu lì sī
河系的驻地记者尤丽丝
jiāng jì xù wèi nín bào dào
将继续为您报道。”

不断膨胀的宇宙

yǔ zhòu cóng dàn shēng yǐ lái yī zhí zài bù duàn de péng zhàng yín hé xì yǐ
宇宙从诞生以来，一直在不断地膨胀。银河系以
wài de xīng xì dōu jiàn jiàn yuǎn qù zhè shì yóu yú péng zhàng de yǔ zhòu bǎ xīng xì
外的星系都渐渐远去，这是由于膨胀的宇宙把星系
zhī jiān de jù lí yuè lā yuè dà bù guò kē xué jiā men yě fā xiàn yǔ zhòu
之间的距离越拉越大。不过科学家们也发现，宇宙
péng zhàng de sù dù zhèng zài fàng màn
膨胀的速度正在放慢。

宇宙有中心吗

tài yáng xì hé yín hé xì dōu yǒu zì jǐ de zhōng xīn nà
太阳系和银河系都有自己的中心，那
me yǔ zhòu yǒu zhōng xīn ma hěn jiǔ yǐ qián rén men céng
么宇宙有中心吗？很久以前，人们曾
jīng rèn wéi dì qiú huò zhě tài yáng shì yǔ zhòu de zhōng xīn
经认为地球或者太阳是宇宙的中心，
dàn suí zhe kē jì de fā zhǎn hé rén lèi rèn shi de tí
但随着科技的发展和人类认识的提
gāo rén men fā xiàn yǔ zhòu qí shí bìng méi yǒu zhōng xīn
高，人们发现宇宙其实并没有中心。

宇宙大循环

宇宙中的物质是循环运动的。据计算，任何一颗恒星经过100万亿年以后都会与另一颗恒星靠近一次。恒星周围的行星就会被撞离甚至撞碎。被撞碎的物质和其他星际物质经过长时间聚集，就成为重新构成恒星的原材料。宇宙中的物质就这样循环着。

宇宙的未来

宇宙最后的命运会怎么样呢？现在有两种猜测，一种是宇宙会在某个时刻停止膨胀，转为收缩，直到把自己压缩成一个点，回到它没有发生大爆炸以前的状态；另一种说法是宇宙继续膨胀，宇宙空间越来越冷、越来越暗，最后走向死亡。

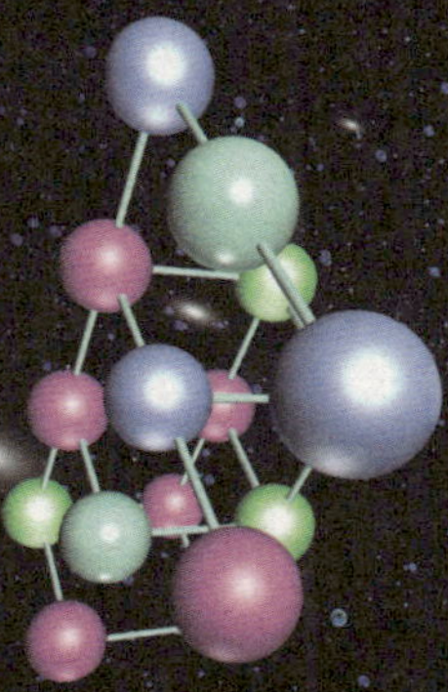

宇宙魔法石

宇宙空间实在是太庞大了，所以天文学家用“光年”而不是“千米”来计量天体之间的距离。光年表示光在一年内走过的距离，1光年的距离有9.46万亿千米呢！

yǔ zhòu zhōng de dǎo yǔ —— xīng xì
宇宙中的岛屿——星系

zhǔ biān nín hǎo yǔ zhòu jiù xiàng yī piàn wú
“主编，您好！宇宙就像一片无
biān wú jì de hǎi yáng lǐ miàn yǒu wú shù ge dǎo yǔ
边无际的海洋，里面有无数个岛屿，
tā men jiù shì xīng xì cóng jīn tiān qǐ wǒ jiù kāi shǐ
它们就是星系。从今天起，我就开始
wèi dú zhě men jìn xíng xīng xì de xīn wén bào dào
为读者们进行星系的新闻报道。”

星系是一种庞大的天体。

什么是星系

xīng xì shì yóu qiān bǎi yì kē héng xīng hé mí màn zài qí jiān de qì tǐ chén
星系是由千百亿颗恒星和弥漫在其间的气体、尘
āi gòu chéng de páng dà tiān tǐ yǔ zhòu zhōng dà yuē yǒu yì
埃构成的庞大天体。宇宙中大约有1000亿～11
wàn yì ge xīng xì tā men bù guī zé de sàn luò zài yǔ zhòu kōng jiān zhī
万亿个星系，它们不规则地散落在宇宙空间之
zhōng rén lèi jū zhù de dì qiú jiù zài yí ge jù dà de xīng xì yín
中。人类居住的地球就在一个巨大的星系——银
hé xì zhī zhōng zài yín hé xì zhī wài de yǔ zhòu zhōng xiàng yín hé zhè yàng
河系之中。在银河系之外的宇宙中，像银河这样
de xīng xì hái yǒu shàng qiān yì ge tā men tǒng chēng wéi hé wài xīng xì
的星系还有上千亿个，它们统称为“河外星系”。

星系有各自不同的形态。

宇宙魔法石

星系中常常会出现一种特殊的现象——星爆。星爆是指一个正常的星系中，突然产生了大量新的恒星。产生这种现象的主要原因是星系之间发生了碰撞。

美丽的星系

星系的形成

yǔ zhòu dà bào zhà yì nián hòu yuán shǐ xīng xì kāi shǐ xíng chéng
宇宙大爆炸10亿年后，原始星系开始形成。

nà shí hou de yǔ zhòu fēi cháng xiǎo gè gè yuán shǐ xīng xì zhī jiān hù xiāng tūn shì bù duàn xī shōu qīng hé hài děng wù zhì zhì liàng biàn de yuè lái yuè dà bìng kāi shǐ huǎn màn xuán zhuǎn xíng chéng pán zhuàng hé tuǒ yuán děng bù tóng xíng zhuàng de xīng xì
那时候的宇宙非常小，各个原始星系之间互相吞噬，不断吸收氢和氦等物质，质量变得越来越大，并开始缓慢旋转，形成盘状和椭圆等不同形状的星系。

宁静的星系核

dà duō shù xīng xì dōu yǒu yī ge hěn mì jí de zhōng xīn bù fen jiào xīng xì hé
大多数星系都有一个很密集的中心部分，叫星系核。

xīng xì hé zhōng de zhǔ yào chéng fèn shì héng xīng diàn lí qì tǐ hé gāo néng lì zǐ
星系核中的主要成分是恒星、电离气体和高能粒子。

yī ge zhèng cháng de xīng xì hé yīng gāi shì níng jìng de dàn zài yǔ zhòu zhōng yě yǒu shǎo bù fen de xīng xì de xīng xì hé zài jù liè de huó dòng zhe
一个正常的星系核，应该是“宁静”的，但在宇宙中也有少部分的星系的星系核在剧烈地活动着。

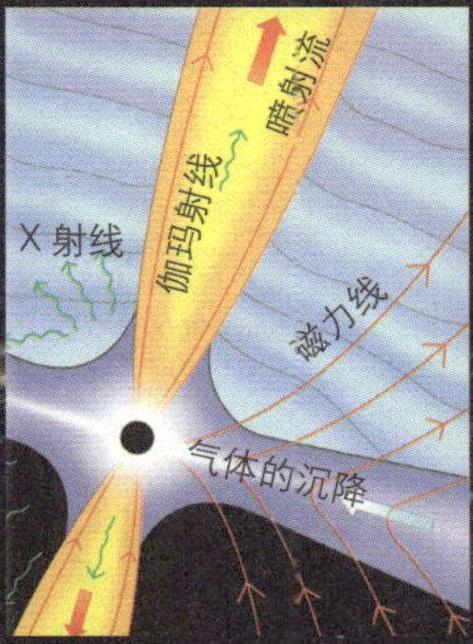

活动星系中心核的构想图

星系盘

xǔ duō guī zé de xīng xì dōu shì yóu yī ge zhōng xīn de hé qiú hé yī ge pán zhuàng jié gòu zǔ chéng
许多规则的星系都是由一个中心的核球和一个盘状结构组成，

zhè ge pán zhuàng jié gòu jiù jiào xīng xì pán
这个盘状结构就叫星系盘。

xīng xì pán zhǔ yào yóu qì tǐ àn yún hé chén āi zǔ chéng
星系盘主要由气体、暗云和尘埃组成。

tā de liàng dù suí jù lí zhōng xīn de yuǎn dù zēng jiā ér zhú jiàn jiàng dī
它的亮度随距离中心的远度增加而逐渐降低。

guān zhù yín hé xì
关注银河系

gè wèi dú zhě dà jiā hǎo xiàn zài wǒ zhèng zhòng
“各位读者，大家好！现在我郑重
tuī chū zhè yī qī de tè bié guān zhù yín hé xì yín hé
推出这一期的特别关注：银河系！银河
xì shì tài yáng jiǔ dà xíng xīng xiǎo xíng xīng hé huì xīng de
系是太阳、九大行星、小行星和彗星的
jiā tā de gù shi yī dìng huì gèng jiā jīng cǎi dà jiā yī
家，它的故事一定会更加精彩。大家一
dìng yào guān zhù zhè qī bào dào
定要关注这期报道！”

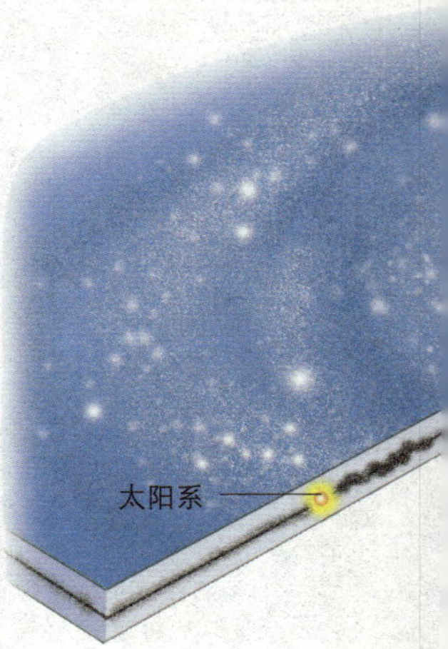

银河系结构示意图

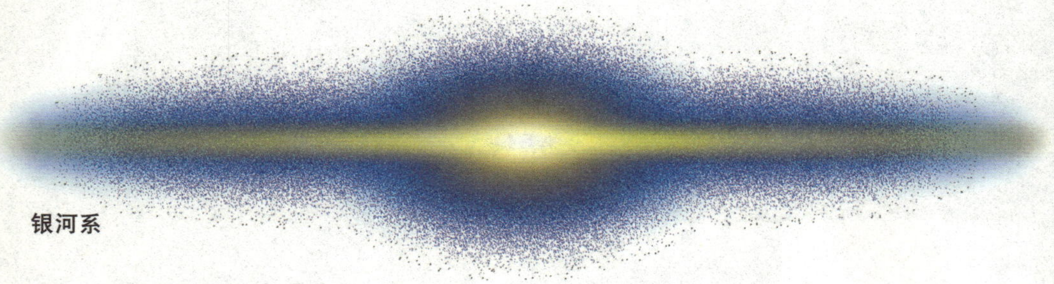
银河系

银河系的银核部分

银河不是河

qíng lǎng de yè wǎn zhàn zài dì qiú shang tái tóu yǎng wàng tiān kōng hǎo xiàng yǒu
晴朗的夜晚，站在地球上抬头仰望天空，好像有
yī tiáo guāng dài héng guàn yè kōng zhè jiù shì yín hé xì yín hé bìng bù shì
一条光带横贯夜空，这就是银河系。银河并不是
tiān shang de hé liú yín hé xì yóu xǔ duō xīng xing zǔ chéng yóu yú jù lí dì
天上的河流，银河系由许多星星组成，由于距离地
qiú tài yuǎn suǒ yǐ kàn shang qù bái máng máng de yī piàn xiàng yī tiáo hé
球太远，所以看上去白茫茫的一片，像一条河。

宇宙魔法石

理论上银河系有一个中心点叫银心。银心是银河系自转轴和银盘面的交点，它不仅是银河系的中心，也是太阳和银河系中其他天体公转的中心点。

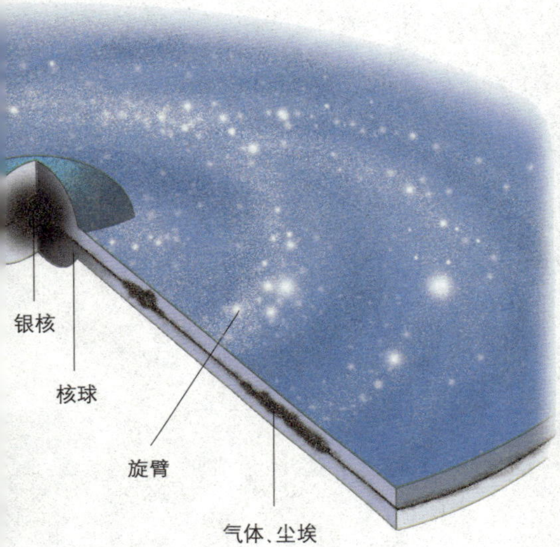

银河系的构成

银河系的主要居民是恒星，其他空间中则充满了气体和星际尘埃。整体看上去，银河系像一块大铁饼，中间厚、四周薄。中间凸起的部分叫银核，是恒星分布最密集的地方；银核的外面是银盘，银盘的外面还包裹着少量的银晕。

银河系主要组成部分示意图

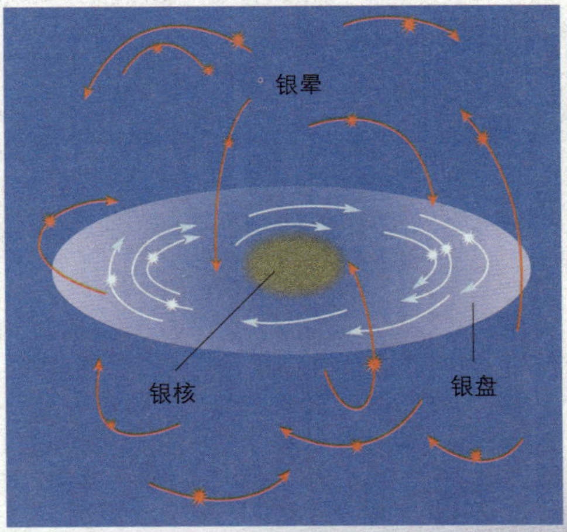

银河系的核心在哪里

20世纪英国的沙普利证实，地球所在的太阳系距离银河系的中心有几万光年之遥。那么银河系的中心究竟在哪儿呢？这成为天文学家关注的大问题。然而，银河系中心充满了尘埃，让人难以窥视其中的奥秘。

银河系俯视图

时刻运动着的银河系

看似灿烂静谧的银河系，其实每时每刻都在做着高速的运动，它正以每秒250千米的速度进行着自转。银河自转一周称为一个银河年，一个银河年相当于地球上的2.5亿年，真是太漫长了！

yín hé xuán bì dà tè xiě
银河旋臂大特写

yín hé xì xiàng wài shēn zhǎn zhe jǐ tiáo dà shǒu
“银河系向外伸展着几条大‘手
bì tā men jiù shì yín hé xì de xuán bì rén mǎ
臂’，它们就是银河系的旋臂：人马
bì liè hù bì yīng xiān bì hé qiān miǎo chā
臂、猎户臂、英仙臂和3千秒差
jù bì děng zhè jǐ tiáo shǒu bì gè yǒu
距臂等。这几条‘手臂’各有
tè sè xià miàn jiù ràng wǒ men gěi tā men
特色，下面就让我们给它们
lái yī ge dà tè xiě ba
来一个大特写吧。”

银河系旋臂示意图

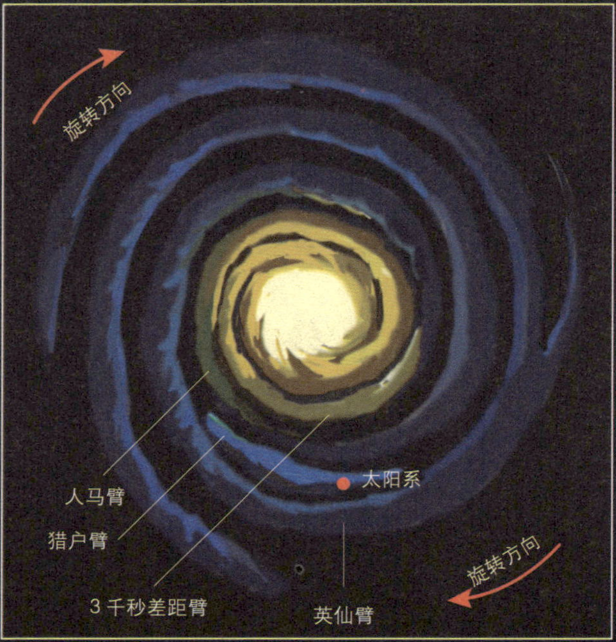

星系的触手——旋臂

yín hé xì shǔ yú xuán wō xīng xì de yī
银河系属于旋涡星系的一
zhǒng tā yǒu tiáo huò gèng duō tiáo yóu
种，它有4条或更多条由
nián qīng liàng xīng liàng xīng yún hé qí tā
年轻亮星、亮星云和其他
tiān tǐ gòu chéng de cóng lǐ xiàng wài xuán
天体构成的从里向外旋
zhuǎn de dài zi nà jiù shì yín hé
转的“带子”，那就是银河
xì de xuán bì qí zhōng de tiáo shì kào
系的旋臂。其中的3条是靠
jìn yín xīn fāng xiàng de rén mǎ bì liè
近银心方向的人马臂、猎
hù bì hé yīng xiān bì tài yáng jiù wèi
户臂和英仙臂。太阳就位
yú liè hù bì de nèi cè
于猎户臂的内侧。

美丽的银河系

人马臂

人马臂位于银河系的最内圈，是银河系主旋臂之一，完整地环绕着银河系并向右伸展着。人马臂中广阔连绵地分布着恒星、星云和其他星际物质，因此看上去更加明亮璀璨。

螺旋形的旋臂是旋涡星系的主要外形特征。

太阳系所在的旋臂——猎户臂

猎户臂位于银河系的外围，主要由年轻的恒星和星际气体、尘埃组成，太阳系就位于这条旋臂的内侧边缘处。猎户臂可以说是恒星的制造工厂，随时都有新的恒星出现。

英仙臂

英仙臂是银河系最靠外的一条旋臂，它的里面没有明亮的恒星和复杂的星体。英仙臂中大部分是老年的恒星，此外还有许多死亡的恒星。所以，英仙臂又被称为“恒星坟场”。

宇宙魔法石

在人马臂上，有一颗闪着橘色光芒的恒星，叫船底η星。它的质量比太阳大 100 倍，亮度也是太阳的 500 万倍。船底η星是最不稳定的恒星，它或许会在未来数千年内爆炸成为超新星。

yín hé xì de shǒu hù zhě
银河系的守护者

zài yín hé xì de zhōu wéi yǒu liǎng ge xīng xì xiàng shǒu hù zhě yī yàng
“在银河系的周围，有两个星系像守护者一样，
bù duàn de wéi rào zhe yín hé xì xuán zhuǎn tā men jiù shì dà xiǎo mài zhé lún
不断地围绕着银河系旋转，它们就是大小麦哲伦
yún xià miàn wǒ jiù dài zhe dà jiā qù rèn shi yī xià tā men
云。下面我就带着大家去认识一下它们。”

麦哲伦云的发现

mài zhé lún yún de fā xiàn yǒu yī ge yǒu qù de gù shi nián pú táo yá
麦哲伦云的发现有一个有趣的故事。1519年，葡萄牙
de háng hǎi jiā mài zhé lún zài háng xíng tú zhōng zhù yì dào yè kōng zhōng yǒu
的航海家麦哲伦在航行途中注意到，夜空中有
liǎng tuán xiàng yín hé yī yàng shǎn shǎn fā guāng de yún tuán dàn tā men bìng
两团像银河一样闪闪发光的云团。但它们并
bù zài yín hé zhī zhōng ér qiě xíng zhuàng hé wèi zhì yī zhí méi yǒu biàn
不在银河之中，而且形状和位置一直没有变
huà yú shì mài zhé lún jiù tuī duàn tā men shì yín hé xì wài de qí tā
化。于是麦哲伦就推断它们是银河系外的其他
tiān tǐ hòu lái guǒ rán zhèng shí zhè liǎng ge yún tuán shì yín hé xì de bàn
天体。后来，果然证实这两个云团是银河系的伴
xīng xì yú shì kē xué jiā jiù bǎ tā men jiào zuò mài zhé lún yún dà de jiào
星系，于是科学家就把它们叫做麦哲伦云，大的叫
dà mài zhé lún yún xiǎo yī diǎn de jiào xiǎo mài zhé lún yún
大麦哲伦云，小一点的叫小麦哲伦云。

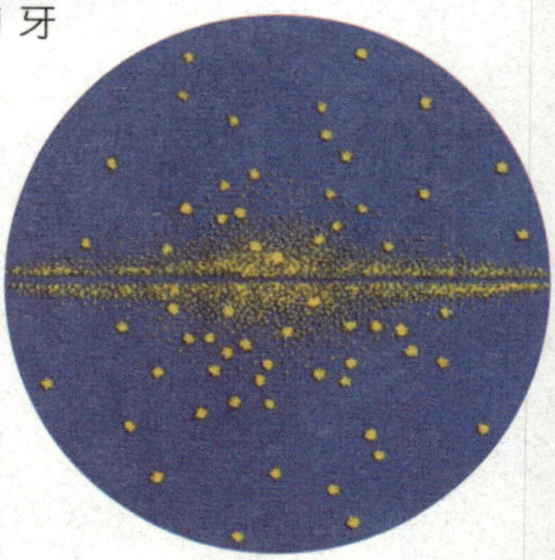
银河系平视图

宇宙魔法石

在大麦哲伦云中，有一团特别亮、特别大的气体云。因为它周围漂浮的气体看起来像是蜘蛛毛茸茸的脚，所以被称为蜘蛛星云。在这团气体云中，大约有100多颗恒星，它们每个都比太阳大50倍哦！

大麦哲伦云

初看上去，大麦哲伦云并不像银河那样醒目，但却比其他星系更密集、更明亮。大麦哲伦云属于不规则星系的一种，其中恒星和气体的比例与银河系大致相同，质量只是银河系的5%。因此可以说大麦哲伦云是银河的伴星系。

大麦哲伦云

小麦哲伦云

小麦哲伦云的质量只有银河系的1%，距离银河系更远，也是一个不规则星系。由于小麦哲伦云的规模比较小，气体含量又非常丰富，因此在银河系的重力作用下，它正逐渐被拉扯，变成像花生一样的形状。

小麦哲伦云

银河系和麦哲伦云

麦哲伦云的演变

麦哲伦云15亿年就会环绕银河系一周。每当它经过银河系时，银河系的重力就会拉扯星系中的恒星和气体，使它们不断变换形状。小麦哲伦云现在已经被撕裂开，最终将成为银河系的一部分，而大麦哲伦云最后的命运也会如此。

hé wài xīng xì
河外星系

yǔ zhòu kōng jiān lǐ hái yǒu xǔ duō xiàng yín hé
“宇宙空间里还有许多像银河
xì yī yàng de xīng chéng tā men jiù shì hé wài
系一样的‘星城’，它们就是河外
xīng xì wǒ men yī qǐ qù kàn kan tā men ba
星系，我们一起去看看它们吧！”

宇宙岛

hé wài xīng xì zhǐ de shì yín hé xì zhī wài de qí tā xīng
河外星系指的是银河系之外的其他星
xì tā men yǔ yín hé xì dōu shǔ tóng yī jí gēn jù
系，它们与银河系都属同一级。根据
tiān wén xué jiā gū jì hé wài xīng xì de zǒng shù zài
天文学家估计，河外星系的总数在
qiān yì ge yǐ shàng měi ge xīng xì dōu shì yóu shù
千亿个以上，每个星系都是由数
wàn nǎi zhì shù qiān wàn kē héng xīng zǔ chéng de
万乃至数千万颗恒星组成的。
tā men rú tóng liáo kuò hǎi yáng zhōng xīng luó qí bù
它们如同辽阔海洋中星罗棋布
de dǎo yǔ gù yě bèi chēng wéi yǔ zhòu dǎo
的岛屿，故也被称为“宇宙岛”。

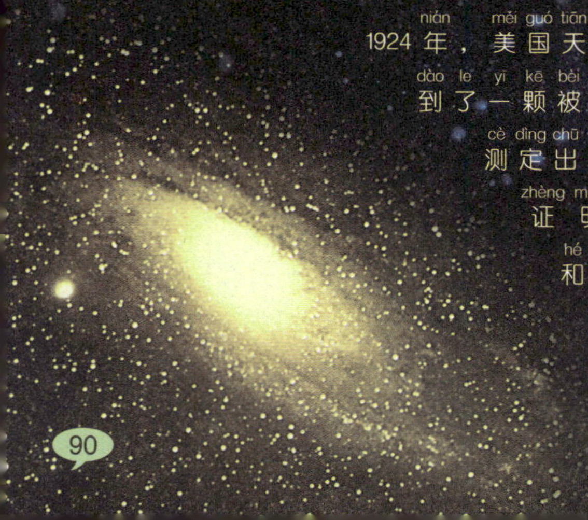

仙女座河外星系

河外星系是怎样被发现的

nián měi guó tiān wén xué jiā hā bó zài xiān nǚ zuò xīng yún de biān yuán zhǎo
1924年，美国天文学家哈勃在仙女座星云的边缘找
dào le yī kē bèi chēng wéi liáng tiān chǐ de zào fù biàn xīng tōng guò tā
到了一颗被称为“量天尺”的造父变星，通过它
cè dìng chū le xiān nǚ zuò xīng yún de zhǔn què jù lí zhè yī jù lí
测定出了仙女座星云的准确距离。这一距离
zhèng míng xiān nǚ zuò xīng yún shì zài yín hé xì zhī wài de tā
证明仙女座星云是在银河系之外的，它
hé yín hé xì yī yàng shì yī ge jù dà dú lì de héng
和银河系一样，是一个巨大、独立的恒
xīng jí tuán cóng cǐ xiān nǚ zuò xīng yún gǎi míng wéi xiān
星集团。从此，仙女座星云改名为仙
nǚ zuò hé wài xīng xì
女座河外星系。

星系分类

河外星系的大小不一，外观和结构也显得多种多样。1926年，哈勃根据星系的形态，把星系分为旋涡星系、椭圆星系和不规则星系三大类。后来又细分为旋涡星系、椭圆星系、透镜星系、棒旋星系和不规则星系五个类型。

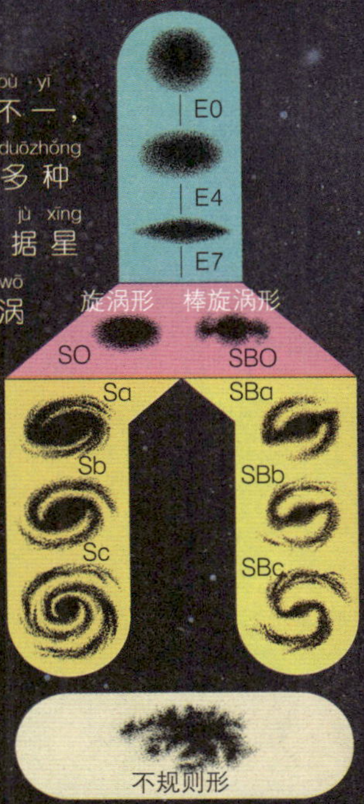

星系分类表

有记录的星系形状几乎都可以归纳入 E（椭圆形）、S（旋涡形）与 SB（棒旋涡形）的分类之中。此外，E 再依椭圆的扁平程度，S 与 SB 再依涡的散开情形，详加分类（以小写的英文字母与数字表示）。把经过分类的星系，照一定顺序排列时，则成为如右图所示的系列：

旋涡星系

椭圆星系

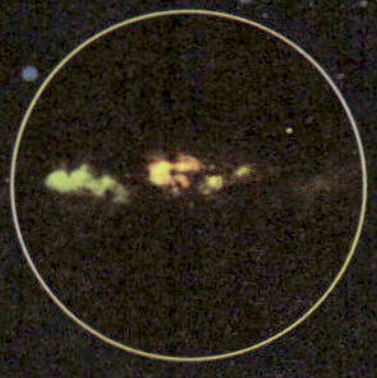
不规则星系

棒旋星系

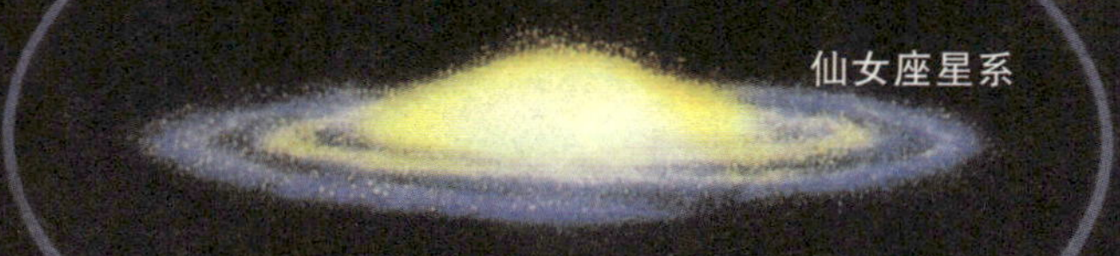

星系大集合

“星系并不是单独存在的，它们一般喜欢成团地聚在一起。于是就构成了星系群、星系团甚至超星系团。下面我们就挨个儿到这些‘大家庭’里去做客吧！”

几个甚至数十个星系团聚集在一起构成的超星系团

星系群

星系群是指由100个以下星系组成的集团。比如以银河系为中心，半径约为百万秒差距空间内的星系所构成的“本星系群”。本星系群的成员星系大约有40个，其中银河系和仙女星占了本星系群总质量的一半。另外还有一个中型旋涡三角星系和麦哲伦云等。

宇宙魔法石

很多星系团的中心都有个巨大明亮的椭圆星系，这些椭圆星系会不断吞噬星系团内的其他星系，让自己变得越来越大，十分可怕哦！

星系团和超星系团

zài yǔ zhòu zhōng bǐ xīng xì qún gèng dà de dān wèi shì xīng xì tuán hé chāo xīng xì tuán
在宇宙中，比星系群更大的单位是星系团和超星系团。
yóu jǐ bǎi shèn zhì shàng qiān ge xīng xì gòu chéng de tiān tǐ jiào xīng xì tuán ér
由几百甚至上千个星系构成的天体叫星系团，而
jǐ ge shèn zhì shù shí ge xīng xì tuán jù jí zài yī qǐ yòu xíng chéng
几个甚至数十个星系团聚集在一起，又形成
le chāo xīng xì tuán chāo xīng xì tuán wǎng wǎng jù yǒu biǎn cháng
了超星系团。超星系团往往具有扁长
de wài xíng zhí jìng kě dá shù yì guāng nián
的外形，直径可达数亿光年。

由几百甚至上千个星系构成的星系团

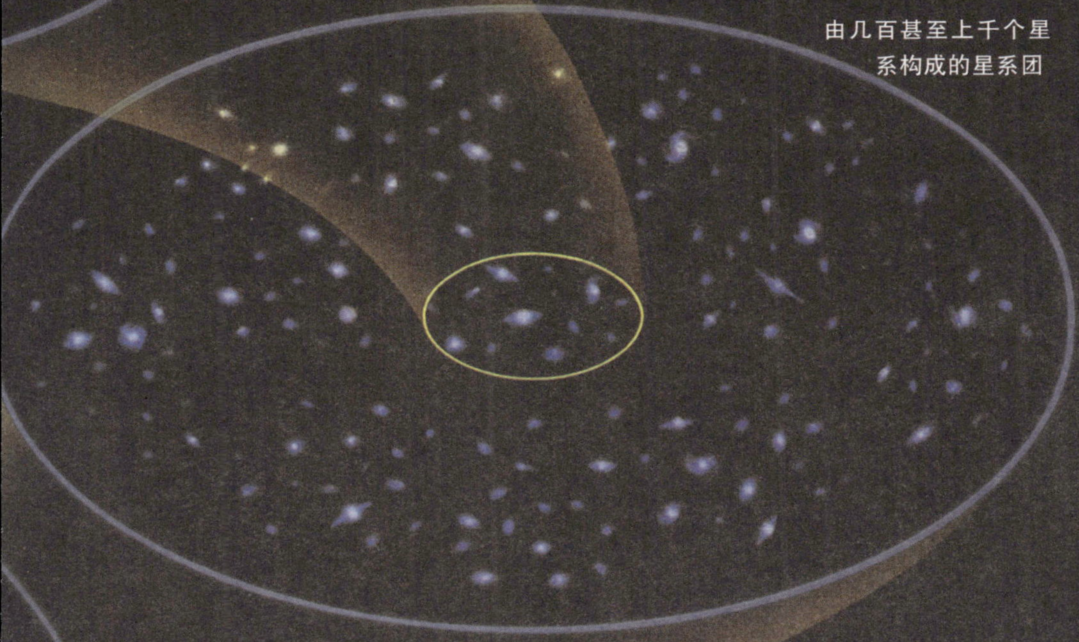

后发座星系团

hòu fā zuò xīng xì tuán shì mù qián suǒ zhī de zuì mì jí de xīng xì tuán dà
后发座星系团是目前所知的最密集的星系团，大
yuē bāo kuò ge xīng xì yóu yú shì yóu liǎng ge dà xiǎo xiāng jìn de xīng
约包括3000个星系。由于是由两个大小相近的星
xì tuán hé bìng ér chéng suǒ yǐ hòu fā zuò xīng xì tuán yòu fēn wéi liǎng bù fen
系团合并而成，所以后发座星系团又分为两部分，
měi bù fen de zhōng xīn dōu yǒu yī ge jù dà de tuǒ yuán xīng xì
每部分的中心都有一个巨大的椭圆星系。

后发座星系团

神秘的类星体

“类星体是离银河系最远的星体，我们《宇宙探索报》的飞船也无法到那儿。不过没关系，尤丽丝已经获得了许多关于类星体的知识，我们一起来学习吧。”

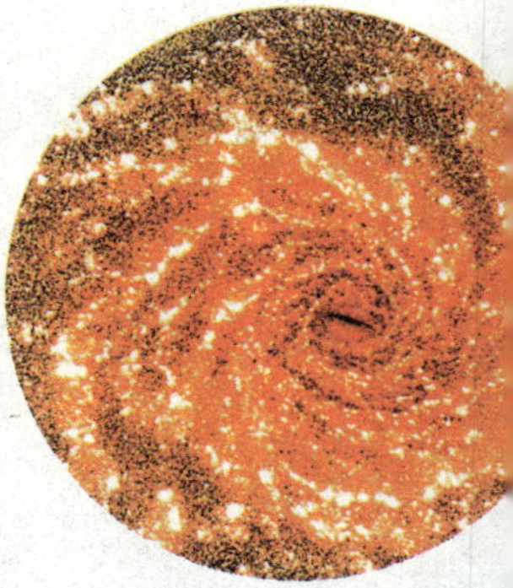

红移类星体

宇宙深处的一个类星体

神秘的小光点

20世纪60年代，人类在宇宙中观测到一些神秘的小光点。这个能自行发光的天体起初被认为是恒星，后来发现它具有明显的“红移”（参见宇宙魔法石）现象，因此人们又猜测它可能是一个河外星系，但它的外形又与星系有很大差别，于是最后就被称为类星体。

小体积，大光芒

据天文学家们观测，类星体的体积非常小，如果说一个星系的直径为10万光年，那么类星体的直径大约只有一光年。然而，类星体的亮度却可以超过一般星系上千倍，璀璨的光芒使远在100亿光年之外的地球人类也能观测到它们。循着这些光芒，人类已经发现了10000多个类星体了。

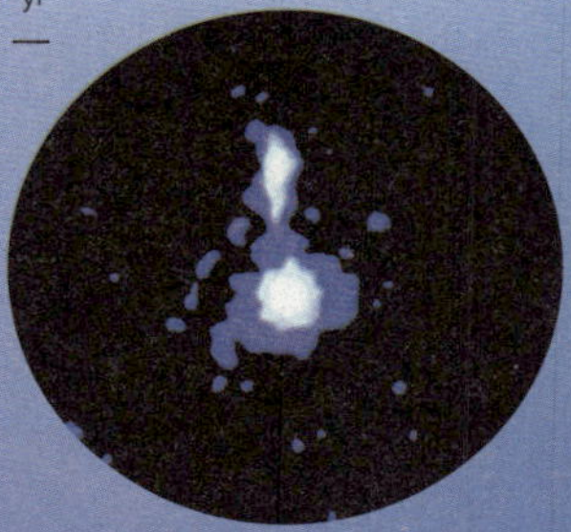

类星体的亮度非常大。

类星体从哪里来

zhuān jiā zhǐ chū ，lèi xīng tǐ kě néng shì yī ge jù dà de héng xīng huò xǔ
专家指出，类星体可能是一个巨大的恒星或许
duō héng xīng fā shēng bào zhà ，rán hòu tān suō chéng jù dà de hēi dòng shí
多恒星发生爆炸，然后坍缩成巨大的黑洞时
chǎn shēng de tiān tǐ ，ér hēi dòng jiù
产生的天体，而黑洞就
shì tā de néng yuán 。huò zhě
是它的能源。或者
shì chāo xīn xīng bào fā pēn shè
是超新星爆发喷射
chū lái de qì tǐ hé wù zhì
出来的气体和物质
yuán yuán bù duàn de liú jìn zhèng
源源不断地流进正
zài xíng chéng de xīng xì zhōng xīn fù
在形成的星系中心附
jìn de hēi dòng de shí hou ，hēi dòng jiù
近的黑洞的时候，黑洞就
bào fā chéng le yī ge lèi xīng tǐ 。
爆发成了一个类星体。

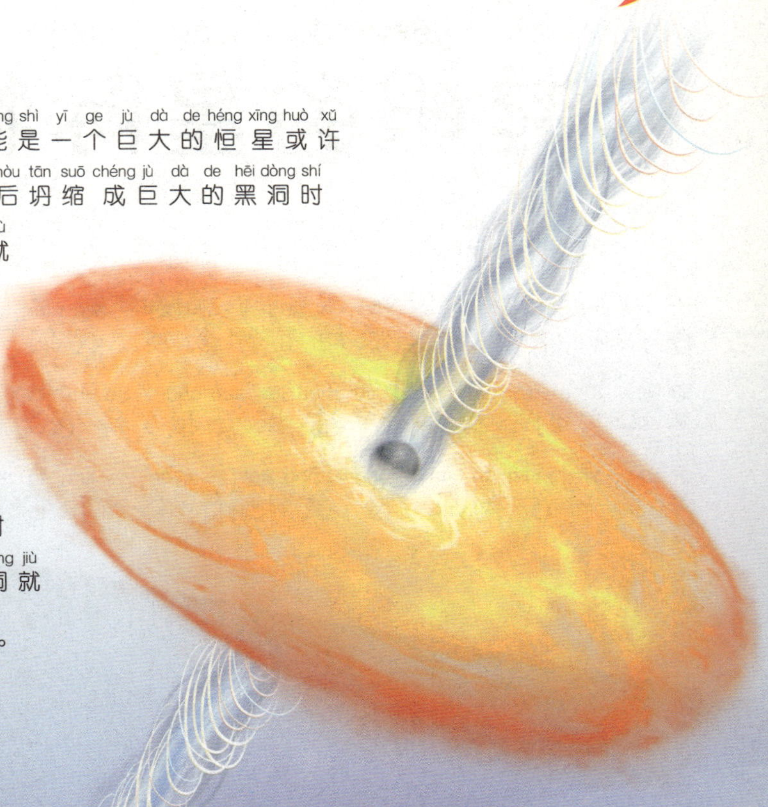

迄今为止，地球上的人类普遍认为光速是不能超越的。但令人惊奇的是，类星体的速度居然超过了光的速度，高达每秒 288 万千米，是光速的 9.6 倍，真是不可思议呀！

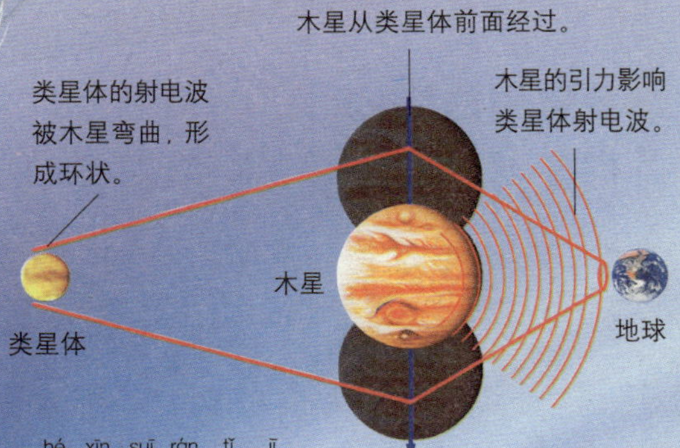

类星体的构成

lèi xīng tǐ yóu hé xīn hé hé wài de qì yùn gòu chéng 。hé xīn suī rán tǐ jī
类星体由核心和核外的气晕构成。核心虽然体积
hěn xiǎo ，zhì liàng què hěn dà ，ér qiě shí fēn míng liàng ，tài kōng wàng yuǎn
很小，质量却很大，而且十分明亮，太空望远
jìng cóng jí yuǎn jù lí zhī wài jiù néng kàn dào tā 。hé xīn
镜从极远距离之外就能看到它。核心
kě yǐ xiàng wài fú shè chū jù dà de néng liàng ，jī fā qì
可以向外辐射出巨大的能量，激发气
yūn zhōng de qì tǐ chǎn shēng wú xiàn diàn bō hé X shè xiàn ，
晕中的气体产生无线电波和X射线，
bìng bù duàn de xiàng yǔ zhòu kōng jiān zhōng fā sàn 。
并不断地向宇宙空间中发散。

宇宙魔法石

星系除了进行自转运动外，还在不断地向宇宙的深处退行，而且离我们银河系越远的星系，退行的速度越大，这种退行现象就叫做“红移”。

bù qǐ yǎn de xīng jì wù zhì
不起眼的星际物质

yǔ zhòu zhōng chú le héng xīng xīng xì xīng xì tuán děng dà jiā huo wài hái
“宇宙中除了恒星、星系、星系团等大家伙外，还
cún zài zhe xǔ duō bù qǐ yǎn de xīng jì wù zhì wǒ men kě bù néng yǐ mào qǔ rén
存在着许多不起眼的星际物质，我们可不能以貌取人，
hū lüè tā men běn qī yǔ zhòu tàn suǒ bào tè dì wèi zhè xiē xiǎo jū mín kāi
忽略它们，本期《宇宙探索报》特地为这些‘小居民’开
pì le yī ge zhuān bǎn lóng zhòng de jiè shào yī xià tā men
辟了一个专版，隆重地介绍一下它们。”

宇宙中的“小居民”

zài yǔ zhòu gè gè xīng tǐ zhī jiān yǒu xǔ duō xiǎo jū mín zhǔ yào shì xīng jì
在宇宙，各个星体之间有许多“小居民”，主要是星际
qì tǐ chén āi hé lì zǐ liú děng tā men zǒng chēng wéi xīng jì wù zhì kě
气体、尘埃和粒子流等，它们总称为星际物质。可
bù néng xiǎo kàn zhè xiē xiǎo dōng xi tā men de zǒng zhì liàng yǐ jīng chāo guò le jǐ
不能小看这些小东西，它们的总质量已经超过了几
bǎi yì ge tài yáng de zhì liàng ér qiě zài yī xiē xīng jì wù zhì
百亿个太阳的质量！而且在一些星际物质
bǐ jiào jí zhōng de dì fang hái huì xíng chéng xīng yún
比较集中的地方还会形成星云。

放大的星际尘埃

星际气体

xīng jì qì tǐ shì zhǐ yǔ zhòu kōng jiān zhōng cún zài de qì tài lì zǐ zhǔ yào chéng
星际气体是指宇宙空间中存在的气态粒子，主要成
fèn shì qīng hé hài tā men de fēn bù bìng bù jūn yún ér shì yī duī yī duī còu
分是氢和氦。它们的分布并不均匀，而是一堆一堆凑
zài yī qǐ xíng chéng yún tuán
在一起形成云团。

星际尘埃

星际尘埃是分散在星际气体中非常细小的、像石墨粉末一样的固态颗粒，它的质量只占所有星际物质总质量的十分之一。星际尘埃会阻挡恒星光线的直射，使恒星看起来没有实际上那么亮。

恒星和星际物质

宇宙魔法石

星际物质的成分和构成恒星的物质一样。这说明，星际物质和恒星演化有着密切的关系，星际物质可能就是形成恒星最基本的材料哦！

宇宙各天体之间存在着星际尘埃。

粒子流

宇宙中无数个像太阳一样的恒星不断地向宇宙中发射着带电的粒子流，也被称为宇宙射线，它也是构成星际物质的重要成分。初级宇宙射线携带着有关银河、太阳和日地空间中物质的信息，对于天体物理学、高能物理学的研究有重要作用。

měi lì de xīng yún
美丽的星云

zhǔ biān nín hǎo tài kōng zhōng hái fēn bù zhe xǔ duō měi lì
“主编，您好！太空中还分布着许多美丽
de xīng yún zhè xiē xīng yún cháng cháng huì yǐn qǐ rén men wú xiàn de xiá xiǎng
的星云，这些星云常常会引起人们无限的遐想。
rú guǒ wǒ men de yǔ zhòu tàn suǒ bào quē shǎo le tā men yī dìng huì shī
如果我们的《宇宙探索报》缺少了它们，一定会失
sè bù shǎo suǒ yǐ wǒ xiàn zài jiù qù tàn fǎng tā men le
色不少。所以，我现在就去探访它们了。”

蝴蝶星云

什么是星云

xīng jì wù zhì de fēn bù shì bù jūn yún de yǒu de dì
星际物质的分布是不均匀的，有的地
fang qì tǐ hé chén āi bǐ jiào mì jí xíng chéng gè zhǒng
方气体和尘埃比较密集，形成各种
gè yàng de yún wù zhuàng de tiān tǐ zhè xiē yún wù zhuàng
各样的云雾状的天体，这些云雾状
de tiān tǐ jiù jiào xīng yún xīng yún de mì dù suī rán hěn
的天体就叫星云。星云的密度虽然很
xiǎo dàn tā de tǐ jī què fēi cháng páng dà yīn cǐ xīng
小，但它的体积却非常庞大，因此星
yún de zhì liàng yě hěn dà
云的质量也很大。

星云的分类

yǔ zhòu zhōng de xīng yún qiān zī bǎi tài tā men shí cháng lìng rén fú xiǎng
宇宙中的星云千姿百态，它们时常令人浮想
lián piān jiù xíng tài ér yán xīng yún kě yǐ fēn wéi mí màn xīng yún
联翩。就形态而言，星云可以分为弥漫星云、
xíng xīng zhuàng xīng yún hé chāo xīn xīng shèng yú wù zhì yún děng ér jiù
行星状星云和超新星剩余物质云等；而就
xīng yún guāng xiàn de míng liàng chéng dù kàn yòu kě fēn wéi liàng xīng yún hé àn
星云光线的明亮程度看，又可分为亮星云和暗
xīng yún liǎng lèi
星云两类。

用肉眼几乎看不到暗星云。

行星状星云

行星状星云就像一个飘在空中的大烟圈，其实它的中心有一个很小、温度很高的中心星，边缘则是一个略带绿色，而且很明亮的小圆盘。因为它的样子像行星，所以被称为行星状星云。行星状星云一般比较暗，不容易被观测和确认，所以直到1940年，人类只发现了130多个。后来人们使用大口径施密特望远镜来观测，到1977年共发现了1237个。据估计，整个银河系中应有行星状星云4～5万个。

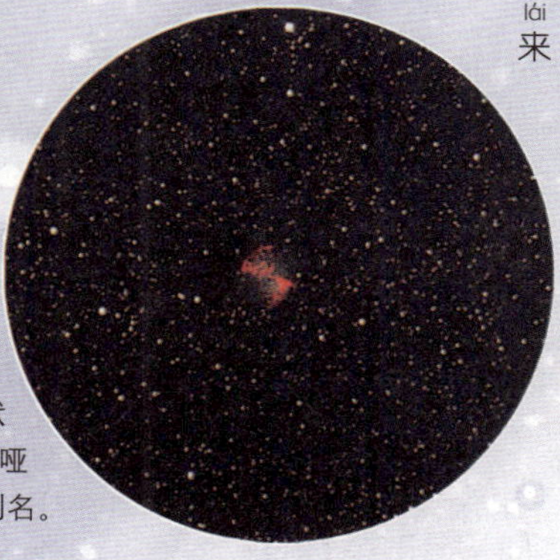

星云就像弥漫在太空中的云雾。

狐狸座行星状星云，也有"哑铃星云"的别名。

弥漫星云

弥漫星云不像行星状星云那样呈环状，它没有明显的边界，形状也不规则，犹如天空中的云彩。这类星云比行星状星云要大很多，也稀薄得多，它们的直径通常可以达到几十光年呢！

马头星云

宇宙魔法石

亮星云会发出五颜六色的光，而暗星云不但自己不发光，还会挡住它后面的星星发出来的光，所以它在天空中只能显现出一个黑色的轮廓。

xīng yún míng xīng
星云明星

gè wèi dú zhě wǒ lóng zhòng xiàng dà jiā tuī chū běn qī de yǔ zhòu tàn
“各位读者，我隆重向大家推出本期的《宇宙探
suǒ bào běn qī de zhǔ jué xīng yún kě yǐ shuō shì yǔ zhòu zhōng de biǎo yǎn
索报》，本期的主角——星云可以说是宇宙中的‘表演
yì shù jiā tā men kě yǐ zài kōng zhōng biàn huàn chū gè zhǒng měi lì de xíng
艺术家’，它们可以在空中变换出各种美丽的形
zhuàng xià miàn jiù ràng wǒ men hǎo hāor lái xīn shǎng yī xià ba
状，下面就让我们好好儿来欣赏一下吧！”

翩翩飞舞的彩蝶

hú dié xīng yún shì xíng xīng zhuàng xīng yún de yī zhǒng yīn wèi wài guān xiàng hú dié ér dé
蝴蝶星云是行星状星云的一种，因为外观像蝴蝶而得
míng hú dié xīng yún de zhōng xīn shì liǎng kē hù xiāng huán rào yùn xíng de héng xīng
名。蝴蝶星云的中心是两颗互相环绕运行的恒星，
liǎng duān de hú dié chì bǎng zé shì yóu zhuó rè de qì tǐ xiàng liǎng
两端的“蝴蝶翅膀”则是由灼热的气体向两
duān kuò sàn ér xíng chéng de zhè xiē chì bǎng jiāng zài shù qiān
端扩散而形成的。这些“翅膀”将在数千
nián hòu zhú jiàn sàn qù dào shí zhè zhī hú dié jiù bù huì
年后逐渐散去，到时，这只蝴蝶就不会
zài piān piān qǐ wǔ le
再“翩翩起舞”了。

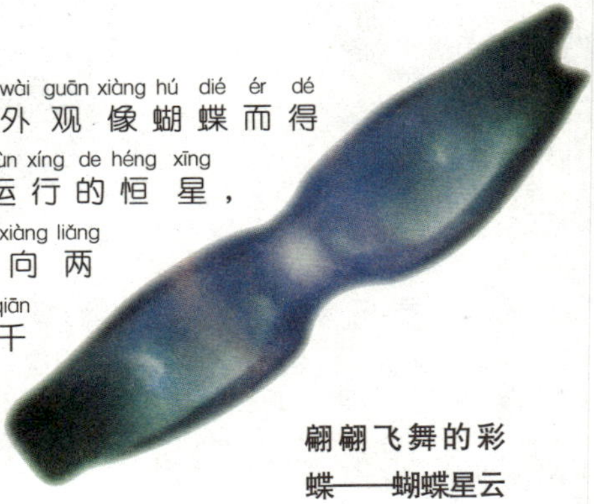

翩翩飞舞的彩蝶——蝴蝶星云

金牛座蟹状星云

不断膨胀的蟹状星云

xiè zhuàng xīng yún shì yī ge bù mǎn qiān suì de xíng xīng zhuàng xīng
蟹状星云是一个不满千岁的行星状星
yún tā de xíng zhuàng kù sì yī zhī páng xiè zhè zhī páng
云，它的形状酷似一只螃蟹。这只“螃
xiè shuò dà wú bǐ tā de tǐ nèi néng gòu róng xià wàn ge tài
蟹”硕大无比，它的体内能够容下1万个太
yáng xì ér qiě zì cóng tā xíng chéng de nà yī tiān qǐ jiù
阳系，而且自从它形成的那一天起，就
chǔ zài bù duàn péng zhàng de guò chéng zhōng mù qián tā hái zài
处在不断膨胀的过程中，目前它还在
yǐ měi miǎo qiān mǐ de sù dù fēi sù zhàng dà zhe
以每秒1400千米的速度飞速胀大着。

猎户座大星云

cóng tiān kōng zhōng kàn liè hù zuò dà xīng yún xiàng yī tuán rán shāo zhe de
从天空中看，猎户座大星云像一团燃烧着的
huǒ yàn fā chū yào yǎn de guāng máng qí shí tā shì yī ge mí
火焰，发出耀眼的光芒。其实它是一个弥
màn xīng yún tóng shí yě shì yī ge liàng xīng yún liè hù zuò dà xīng
漫星云，同时也是一个亮星云。猎户座大星
yún de zhì liàng dà yuē shì tài yáng de bèi jù lí dì qiú guāng
云的质量大约是太阳的300倍，距离地球1500光
nián tóng shí tā hái shì yī ge fù yǒu shēng mìng lì de xīng yún zài zhè
年。同时它还是一个富有生命力的星云，在这
ge xīng yún zhōng yǐ jīng fā xiàn le xǔ duō nián qīng de héng xīng
个星云中已经发现了许多年轻的恒星。

猎户座大星云

星云中有许多年轻的恒星。

宇宙魔法石

蟹状星云好像是一座宇宙的发电厂，它不断地向宇宙中放射出各种射线和电波，放射出的能量相当于几十万个太阳的能量，所以这种星云比太阳还要亮75000倍。

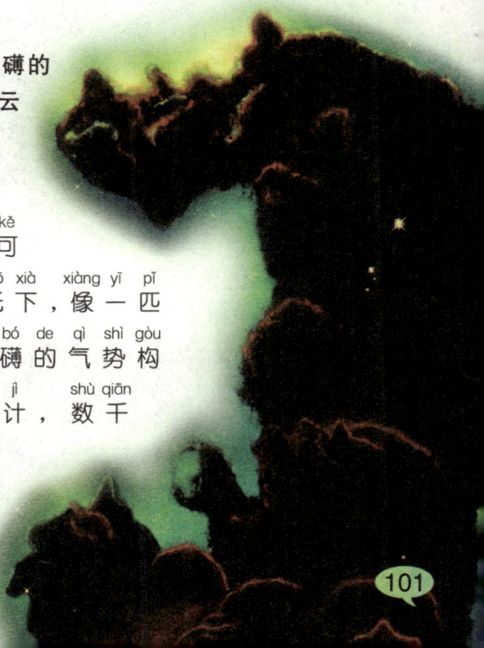

气势磅礴的
马头星云

气势磅礴的马头星云

mǎ tóu xīng yún shì zhù míng de àn xīng yún zài tiān kōng zhōng kě
马头星云是著名的暗星云。在天空中，可
yǐ kàn dào mǎ tóu xīng yún zài páng biān yī ge liàng xīng yún de chèn tuō xià xiàng yī pǐ
以看到马头星云在旁边一个亮星云的衬托下，像一匹
zhèng chí chěng yú nóng nóng yān chén zhōng de hēi mǎ tā nà páng bó de qì shì gòu
正驰骋于浓浓烟尘中的黑马，它那磅礴的气势构
chéng le yǔ zhòu zhōng yī fú zhuàng lì de qí jǐng bù guò jù gū jì shù qiān
成了宇宙中一幅壮丽的奇景。不过据估计，数千
nián zhī hòu yóu yú xīng yún de nèi zài yùn dòng mǎ tóu xīng yún de
年之后，由于星云的内在运动，马头星云的
wài xíng huì fā shēng gǎi biàn
外形会发生改变！

wa hǎo mì jí de xīng xing ya
哇，好密集的星星呀

zhǔ biān wǒ kāi zhe xīn wén bào dào fēi chuán zài yín hé xì zhōng chuān xíng de shí hou kàn dào le hǎo duō xīng xing chéng qún jié duì de jù jí zài yī qǐ yuán lái tā men jiù shì xīng tuán xià miàn wǒ jiù fā huí duì xīng tuán de xiàn chǎng bào dào

“主编，我开着新闻报道飞船在银河系中穿行的时候，看到了好多星星成群结队的聚集在一起，原来它们就是星团。下面，我就发回对星团的现场报道。”

球状星团是宇宙中年龄最大的星团。

球状星团 M3

成群结队的恒星

héng xīng wǎng wǎng dōu shì jǐn āi zhe fēn bù de nà xiē yóu kě yǐ shàng héng xīng zǔ chéng de bèi gè gè chéng yuán héng xīng zhī jiān de yǐn lì shù fù zài yī qǐ de héng xīng qún jiù jiào zuò xīng tuán xīng tuán shì xīng xì de zǔ chéng bù fen gēn jù xīng tuán de xíng zhuàng hé héng xīng shù mù de bù tóng kě yǐ fēn wéi shū sàn xīng tuán hé qiú zhuàng xīng tuán liǎng zhǒng

恒星往往都是紧挨着分布的，那些由10颗以上恒星组成的、被各个成员恒星之间的引力束缚在一起的恒星群就叫做星团。星团是星系的组成部分，根据星团的形状和恒星数目的不同，可以分为疏散星团和球状星团两种。

宇宙魔法石

银河系的中心就是一个球状星团，而且这个球状星团的中心和银河系的核心是重合的！这个星团已经见证了银河系140多亿年的历史。

明亮的疏散星团

shū sàn xīng tuán xíng zhuàng bù guī zé yóu shí jǐ kē dào jǐ qiān kē
疏散星团形状不规则，由十几颗到几千颗
nián qīng de héng xīng zǔ chéng. yín hé xì zhōng xiàn zài yǐ fā xiàn
年轻的恒星组成。银河系中现在已发现
le duō ge shū sàn xīng tuán. shū sàn xīng tuán zhōng héng xīng
了1000多个疏散星团。疏散星团中恒星
fēn bù de bǐ jiào sōng sǎn, dàn fēi cháng míng liàng, jí shǐ zài
分布得比较松散，但非常明亮，即使在
dēng guāng shǎn shuò de chéng shì zhōng xīn, yě kě yǐ guān cè dào.
灯光闪烁的城市中心，也可以观测到。

年轻的疏散星团，发出
宝石一般的光泽。

球状星团

qiú zhuàng xīng tuán nèi de héng xīng yào bǐ shū sàn xīng tuán duō de duō. dà
球状星团内的恒星要比疏散星团多得多。大
yuē bāo hán wàn dào wàn kē héng xīng. tā men jù jí chéng qiú xíng, ér qiě yuè wǎng zhōng xīn, héng xīng
约包含1万到1000万颗恒星。它们聚集成球形，而且越往中心，恒星
yuè mì jí. yīn cǐ jí shǐ yòng wàng yuǎn jìng guān cè zhōng yāng bù wèi de héng xīng, yě zhǐ néng kàn dào yí gè
越密集。因此即使用望远镜观测中央部位的恒星，也只能看到一个
ge míng liàng de bān diǎn, ér bù néng jiāng měi kē héng xīng qīng chu de fēn kāi. mù qián, yín hé xì zhōng dà gài
个明亮的斑点，而不能将每颗恒星清楚地分开。目前，银河系中大概
yǒu duō ge zhè yàng de qiú zhuàng xīng tuán.
有150多个这样的球状星团。

宇宙中的“老人”

qiú zhuàng xīng tuán shì yǔ zhòu zhōng zuì lǎo de xīng tuán, nián líng zài yì nián zuǒ yòu.
球状星团是宇宙中最老的星团，年龄在100亿年左右。
zài yín hé xì gāng gāng xíng chéng de shí hou, jiù kě néng yǒu shù qiān ge qiú zhuàng xīng
在银河系刚刚形成的时候，就可能有数千个球状星
tuán zài yín hé xì zhōng yùn xíng, dàn dà duō shù dōu zài bǐ cǐ de pèng zhuàng zhōng huǐ
团在银河系中运行，但大多数都在彼此的碰撞中毁
miè le. rén men kě yǐ gēn jù xiàn cún de qiú zhuàng xīng tuán tuī duàn yín hé xì shèn
灭了。人们可以根据现存的球状星团推断银河系甚
zhì yǔ zhòu de nián líng.
至宇宙的年龄。

míng xīng xīng tuán

明星星团

cóng dì qiú de tiān kōng kàn yī xiē
“从地球的天空看，一些
xīng xing cháng cháng mì jí de jù hé zài yī
星星常常密集地聚合在一
qǐ xiàng ní hóng dēng yī yàng cuǐ càn duó mù
起，像霓虹灯一样璀璨夺目，
tā men jiù shì gè zhǒng xīng tuán yóu lì sī jīng xīn
它们就是各种星团。尤丽丝精心
cè huà le yī qī bào dào jiāng nà xiē míng xīng xīng
策划了一期报道，将那些‘明星星
tuán jiè shào gěi dú zhě xī wàng dà jiā xǐ huan
团’介绍给读者，希望大家喜欢！”

璀璨多姿的星团

这个星团因为“七姐妹”的神话而闻名。

宇宙魔法石

疏散星团中有一类叫移动星团，它们离我们较近，成员星在空间互相平行运动。现在已知的移动星团共有7个。

“七姐妹”昴宿疏散星团

zài dōng jì de yè kōng zhōng huì kàn dào yǒu
在冬季的夜空中，会看到有6~7
kē xīng xing xiàng yíng huǒ chóng yī yàng jù jí zài yī
颗星星像萤火虫一样聚集在一
qǐ fā chū hū míng hū àn de lán sè guāng máng
起，发出忽明忽暗的蓝色光芒，
tā men jiù shì jīn niú zuò mǎo xiù xīng tuán zài zhōng
它们就是金牛座昴宿星团。在中
guó gǔ dài zhè ge xīng tuán yīn wèi qī jiě mèi
国古代，这个星团因为“七姐妹”
de shén huà ér wén míng yīn ér yě bèi chēng zuò
的神话而闻名，因而也被称做
qī jiě mèi mǎo xiù shū sàn xīng tuán zhěng gè
“七姐妹”昴宿疏散星团。整个
xīng tuán dà yuē yóu kē héng xīng zǔ chéng qí zhōng
星团大约由120颗恒星组成，其中
zhǐ yǒu kē kě yǐ yòng ròu yǎn kàn dào lán sè
只有7颗可以用肉眼看到。蓝色
de guāng máng zhèng míng zhè ge xīng tuán fēi cháng nián
的光芒证明这个星团非常年
qīng tā de nián líng zhǐ yǒu wàn suì
轻，它的年龄只有7800万岁。

毕宿疏散星团

毕宿疏散星团

tóng yàng shì dōng jì de yè kōng zài mǎo xiù xīng tuán de bù yuǎn chù
同样是冬季的夜空，在昴宿星团的不远处，
jiù shì bì xiù xīng tuán tā yóu duō kē chéng yuán xīng zǔ chéng
就是毕宿星团。它由300多颗成员星组成，
bìng qiě hái shì yī ge yí dòng xīng tuán dà yuē zài wàn nián yǐ qián
并且还是一个移动星团。大约在8万年以前，
tā lí tài yáng zuì jìn xiàn zài de jù lí zé shì dāng chū de liǎng
它离太阳最近，现在的距离则是当初的两
bèi bì xiù xīng tuán de nián líng bǐ mǎo xiù xīng tuán dà yuē wéi
倍。毕宿星团的年龄比昴宿星团大，约为
yì suì
4亿岁。

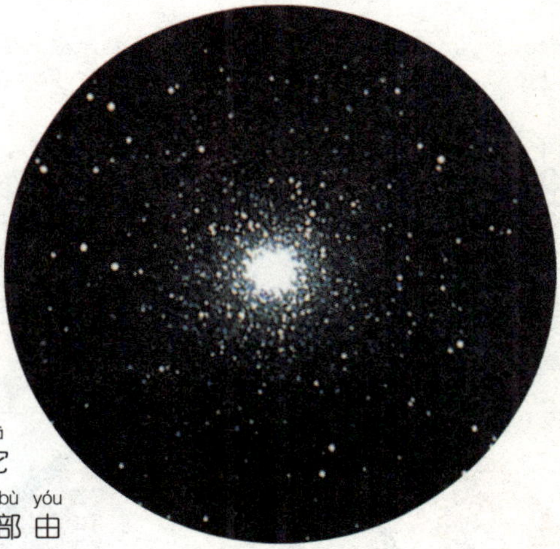

武仙座球状星团

武仙座球状星团

wǔ xiān zuò shì xià jì yè kōng zhōng zuì páng dà de xīng zuò
武仙座是夏季夜空中最庞大的星座，
qí zhōng yǒu yī ge yóu duō wàn kē xīng xing zǔ hé ér
其中有一个由30多万颗星星组合而
chéng de jù dà qiú tǐ nà jiù shì zhù míng de wǔ
成的巨大球体，那就是著名的武
xiān zuò qiú zhuàng xīng tuán tā wèi yú dì qiú běi bàn
仙座球状星团。它位于地球北半
qiú de tiān kōng zhōng huì fā chū jīn sè de guāng máng tā
球的天空中，会发出金色的光芒，它
hé yín hé xì jī hū shì tóng shí chū xiàn de suǒ yǐ quán bù yóu
和银河系几乎是同时出现的，所以全部由
nián mài de héng xīng zǔ chéng
年迈的恒星组成。

半人马座球状星团

半人马座球状星团

bàn rén mǎ zuò zhōng de ōu mǐ gā xīng tuán shì yín hé xì zhōng zuì dà zuì
半人马座中的欧米伽星团是银河系中最大最
liàng de qiú zhuàng xīng tuán tā yóu dà yuē qiān wàn kē héng xīng zǔ chéng
亮的球状星团，它由大约1千万颗恒星组成。
qiú zhuàng xīng tuán nèi de héng xīng dà dōu shì nián líng jiào lǎo de hóng sè
球状星团内的恒星大都是年龄较老的红色
héng xīng dàn shì zhè bìng bù yǐng xiǎng xīng tuán de liàng dù jǐn guǎn tài
恒星，但是这并不影响星团的亮度，尽管太
yáng yǒu guāng nián nà me yuǎn dàn zài dì qiú nán bàn qiú de tiān
阳有22000光年那么远，但在地球南半球的天
kōng rén men réng néng yòng ròu yǎn yǐn yuē kàn dào yī kuài guāng bān
空，人们仍能用肉眼隐约看到一块光斑。

héng xīng gài kuàng
恒星概况

zài qíng lǎng de yè wǎn wú shù de xīng xing xiàng sǎ zài tiān kōng zhōng de xiǎo
“在晴朗的夜晚，无数的星星像撒在天空中的小
huǒ zhǒng fā chū yī shǎn yī shǎn de guāng máng zài zhè xiē xīng xing zhōng jué dà
火种，发出一闪一闪的光芒。在这些星星中，绝大
duō shù dōu shì xiàng tài yáng yī yàng de héng xīng nà me héng xīng de jié gòu dà
多数都是像太阳一样的恒星。那么恒星的结构、大
xiǎo yùn dòng děng děng yòu yǒu nǎ xiē tè diǎn ne qǐng kàn yóu
小、运动等等又有哪些特点呢？请看尤
lì sī wèi dà jiā fā huí de bào dào
丽丝为大家发回的报道。”

恒星内部结构只能
靠理论模型来推测。

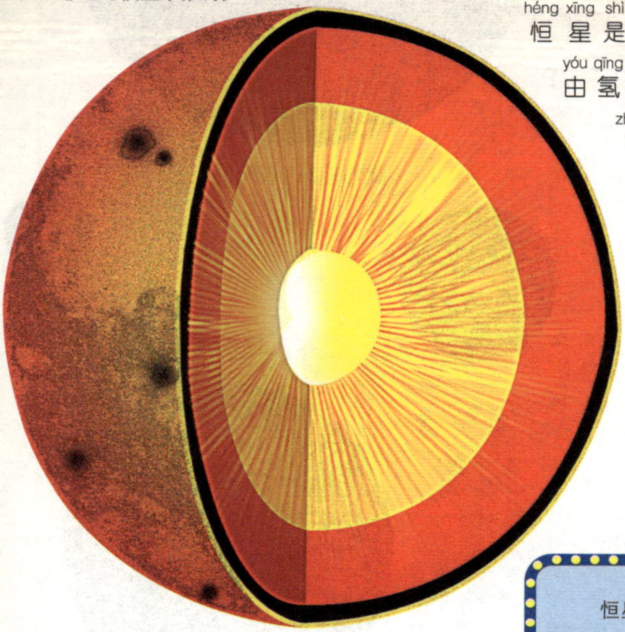

恒星的结构

héng xīng shì yī ge huì fā guāng fā rè de dà qì tǐ qiú
恒星是一个会发光发热的大气体球，
yóu qīng hé hài liǎng zhǒng qì tǐ zǔ chéng zài héng xīng de
由氢和氦两种气体组成。在恒星的
zhōng yāng yǒu yī ge néng chǎn shēng gāo néng gāo
中央，有一个能产生高能高
rè de hé tā jiù shì héng xīng de xīn zàng
热的核，它就是恒星的“心脏”。
zài héng xīng de xīn zàng zhōng měi shí měi kè
在恒星的心脏中，每时每刻
dōu zài jìn xíng zhe hé fǎn yìng zhè shǐ de
都在进行着核反应，这使得
héng xīng de biǎo miàn wēn dù kě gāo dá jǐ
恒星的表面温度可高达几
bǎi wàn shèn zhì jǐ qiān wàn shè shì dù
百万甚至几千万摄氏度。

宇宙魔法石

恒星们都在做着高速运动，那它们会不会撞到一起呢？恒星是会撞到一起的，但是这种可能性非常小，大约每100亿年，才可能发生一次恒星相撞事件呢！

恒星的大小

辽阔的夜空中，恒星只是或大或小的亮点，其实恒星的体积可是大得惊人呢，而且它们的大小差异十分悬殊。就拿太阳来说，它仅仅是宇宙中一颗中等体积的恒星，有的恒星比太阳大得多。比如恒星参宿四的直径就是太阳的900倍。但有的恒星却非常小，像中子星的直径就只有几十千米。

看似小小的恒星其实体积非常庞大。

不同颜色的恒星

恒星的颜色

在深邃的夜空中，不同的恒星闪烁着不同的光芒。有的闪着淡蓝色的光，有的闪着黄色或红色的光，而有的恒星却接近于白色。恒星的颜色与它们的温度有着密切的关系。一般来说，红色的恒星温度比较低，蓝色和白色的恒星温度反而比较高。

恒星的运动

古时候，人类认为星星在天空中的位置是固定不变的，所以把它们叫恒星。但事实上恒星每时每刻都处于高速的运动之中，而且它们都严格地按照一定的轨道，绕着自己所在星系的中心在旋转。速度慢的恒星大约每秒跑数千米，快的则可以达到每秒数百千米。

恒星系列报道之诞生

“主编，您好！从今天起，我将对恒星的一生做系列报道。同时我也会报道伴随恒星形成过程中的行星诞生过程。下面就是我的第一期报道。”

星云是产生恒星的原材料。

恒星形成的假说

1955年，苏联著名天文学家阿姆巴楚米扬提出“超密说”。他认为，恒星是由一种神秘的“星前物质”爆炸而形成的。但是多数科学家都不接受这种观点。与超密说不同的是弥漫说，其主旨是认为恒星由低密度的星际物质构成。

恒星形成的两个阶段

星云是构成恒星的必要物质。从星云聚为恒星的过程可分为快收缩阶段和慢收缩两个阶段。星云快收缩后半径仅为原来的百万分之一，平均密度提高1亿亿倍，最后形成一个“星胎”，这是一个又浓又黑的云团，中心为一密集核；此后进入慢收缩，也叫“原恒星阶段”。

宇宙魔法石

不同大小的云团演化的速度也不一样。像太阳这样大小的恒星，处于“星胎”的状态大约要维持100万年呢。

孕育着恒星的“星胎”

恒星的诞生

“星胎”在经历了大约几十万年的慢收缩阶段之后，位于中心的密集核形成了一个高温、高密度的气体球。随着内部温度的不断升高，炙热的气体触发核反应开始爆炸，并释放出高能量的物质，这时新的恒星宝宝就诞生了。

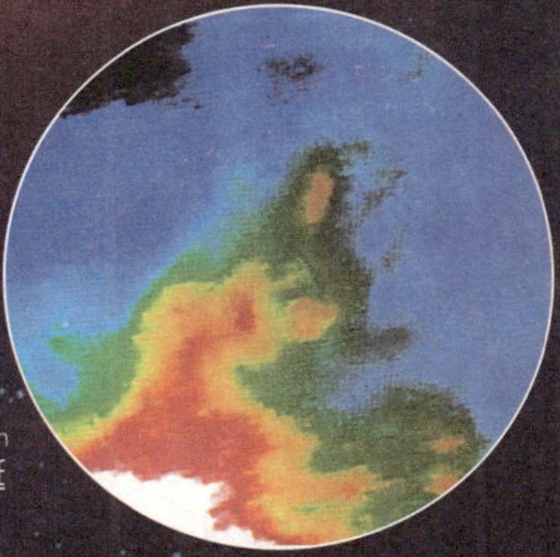

恒星宝宝诞生了!

原行星盘

原行星盘

原行星盘是行星的婴儿期。在恒星诞生的过程中，原始分子云中的尘埃会粘在一起，形成小岩石，小岩石再逐渐聚集形成一个盘，环绕在原始恒星的周围，就是原行星盘。再经过数千年的演化，这个原行星盘，就会逐渐形成一颗成熟的行星了!

wěn dìng de zhǔ xù xīng
稳定的主序星

gè wèi dú zhě dàn shēng hòu de
"各位读者，诞生后的
héng xīng huì màn màn de chéng zhǎng wéi yī kē
恒星会慢慢地成长为一颗
zhuàng tài wěn dìng de zhǔ xù xīng cǐ
状态稳定的主序星。此
shí de héng xīng bù rù le zuì màn cháng
时的恒星步入了最漫长
de qīng zhuàng nián shí qī
的青壮年时期。"

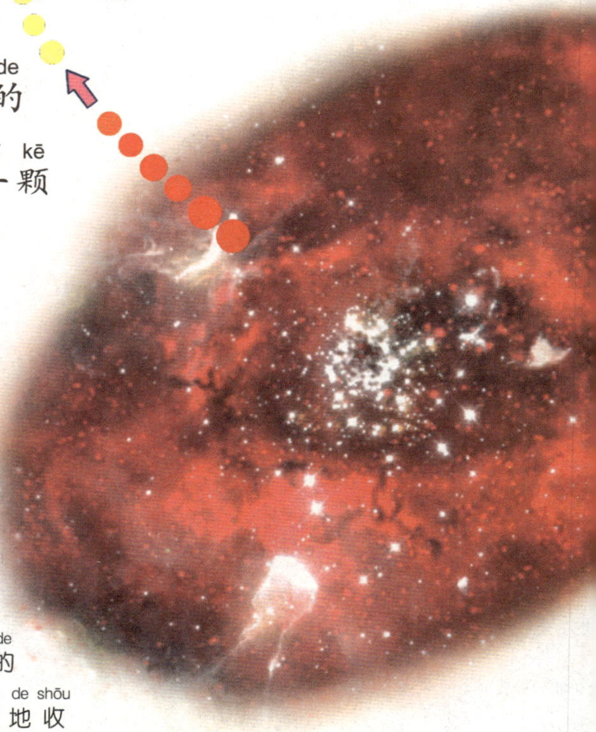

恒星演化示意图

成长为主序星

yòu nián héng xīng de chéng zhǎng zhǔ yào biǎo xiàn zài hé de
幼年恒星的成长主要表现在核的
shōu suōshang yòu nián héng xīng de hé xīn huì bù tíng de shōu
收缩上。幼年恒星的核心会不停地收
suō wēn dù bù duàn de shàng shēng dāng wēn dù dá dào wàn shè shì dù
缩，温度不断地上升。当温度达到700万摄氏度
shí hé xīn tōng guò rè hé fǎn yìng suǒ chǎn shēng de rè liàng hé xiàng wài fú shè
时，核心通过热核反应所产生的热量和向外辐射
de rè liàng xiāng dāng cǐ shí hé xīn tíng zhǐ shōu suō dá dào píng héng zhuàng
的热量相当，此时核心停止收缩，达到平衡状
tài yòu nián héng xīng jiù chéng zhǎng wéi zhǔ xù xīng
态，幼年恒星就成长为"主序星"。

中间最亮的星就是年轻的恒星。

主星序阶段

héng xīng de zhǔ xīng xù jiē duàn shì qí yī shēng zhōng zuì cháng de huáng jīn jiē duàn
恒星的主星序阶段是其一生中最长的黄金阶段，
zhè yī jiē duàn zhàn jù le tā zhěng gè shòu mìng de zài zhè duàn shí jiān
这一阶段占据了它整个寿命的90%。在这段时间
lǐ héng xīng tōng guò hé fǎn yìng chǎn shēng néng liàng yǐ jī hū bù biàn de
里，恒星通过核反应产生能量，以几乎不变的
héng dìng guāng dù fā guāng fā rè zhào liàng zhōu wéi de yǔ zhòu kōng jiān
恒定光度发光发热，照亮周围的宇宙空间。

主星序时间有多长

据天文学家了解，现在宇宙中的恒星大都处于主星序这一阶段。但每一颗恒星处在主星序阶段的时间并不相同。恒星的质量越大时间越短；相反质量越小，青年期就越长。一些质量很小的恒星在主序星上甚至可以停留几千亿到几万亿年呢！

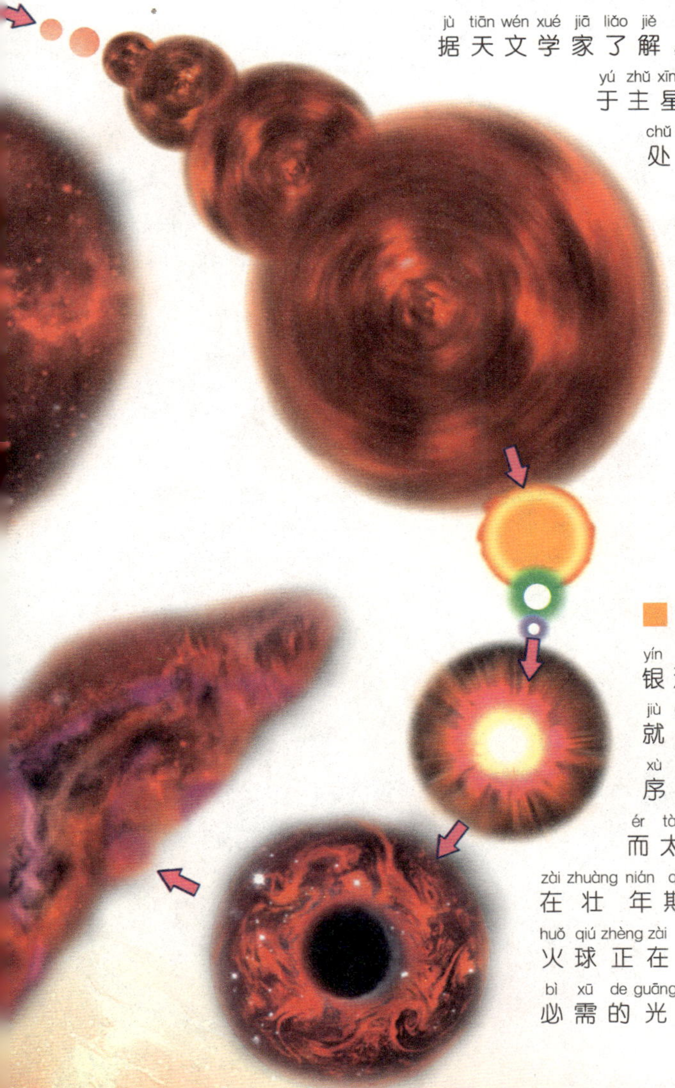

壮年期的太阳

银河系中的太阳现在就处于主星序阶段。它的主星序阶段大约有100亿年的时间，而太阳现在是50多亿岁，正好处在壮年期。因此这个熊熊燃烧的大火球正在为太阳系“大家庭”贡献着最必需的光和热。

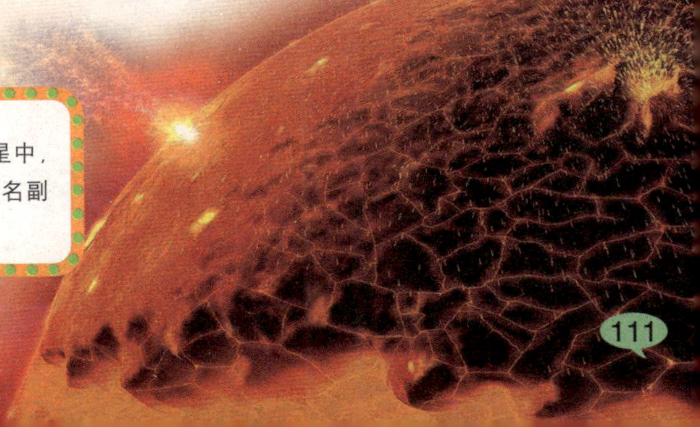

太阳正处于壮年时期

宇宙魔法石

你知道吗，那些在宇宙诞生初期形成的恒星中，现在还有一部分处在主星序的阶段，它们才是名副其实的“青春永驻”呀！

星到中年——巨星

“人会不断衰老，恒星也一样。当它们度过自己的黄金时期后，就会面临‘中年危机’。下面，我们就要与一颗中年恒星进行一次‘亲密接触’，来了解它的经历。”

红巨星的内部结构

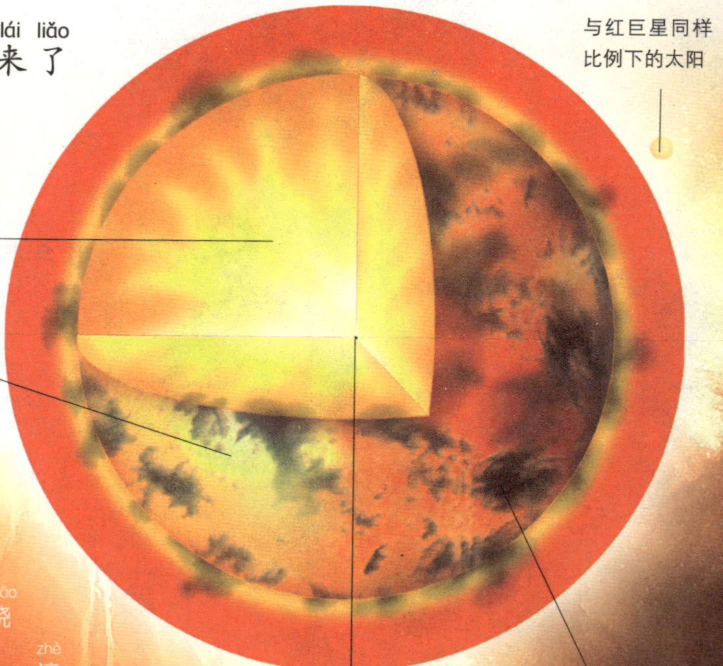

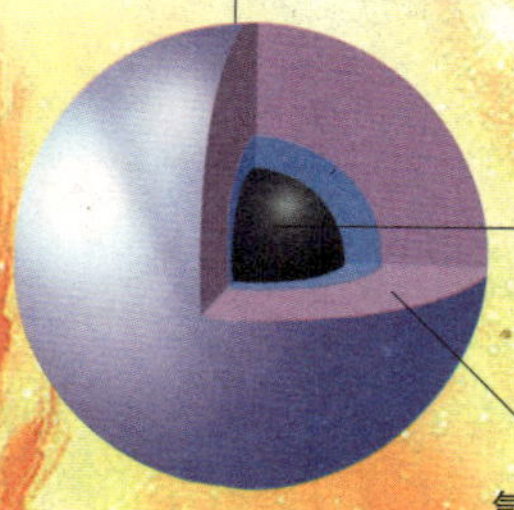

核心区的放大图

巨星的产生

主序星不断地消耗氢进行核反应，当氢燃烧完后，它就会燃烧氦。这时，恒星的结构开始发生重大变化：体积急剧增大，表面温度随之迅速降低。恒星就由生命力旺盛的青壮年步入了中老年，成为一颗巨星。质量较小的叫做红巨星，质量较大的则叫做超巨星。

红巨星

质量小的巨星之所以被称为“红”巨星，这是因为在恒星迅速膨胀的同时，它的外表面离中心越来越远，温度随之降低，发出的光也就越来越红。不过，虽然温度降低了，可是红巨星的光度却因为体积的变大而更加明亮。人类肉眼能看到的亮星中，许多都是红巨星。

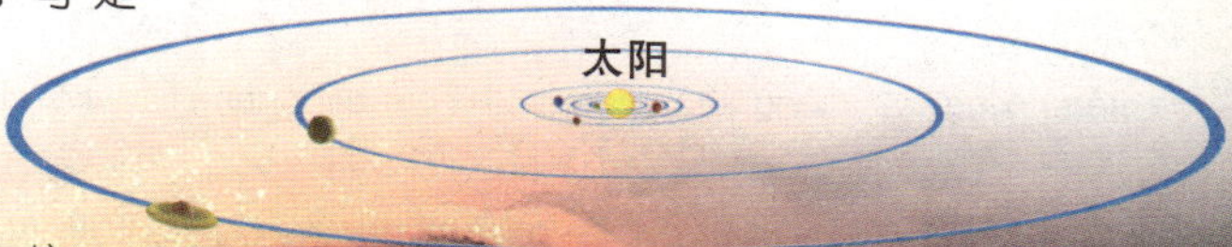

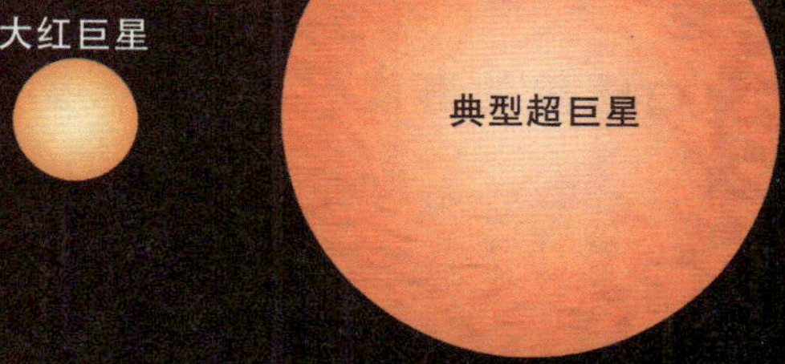

超巨星

一颗质量超过太阳八倍的恒星会逐渐变成一颗超巨星。超巨星核心区域的温度大约为一亿摄氏度，体积也能膨胀到太阳的1000倍。超巨星是天空中最大最亮的恒星，根据表面温度的不同，有蓝色、黄色和红色三种。

宇宙魔法石

50亿年后，太阳将变成一颗红巨星。膨胀后的太阳会侵占水星的轨道，并将吞没水星和金星，而地球也可能被太阳表面炽热的高温化为灰烬！

恒星风和行星状星云

恒星变成巨星后，最外层的气体会被吹走形成“恒星风”。恒星风中的物质会慢慢累积成白色星云状物体。当后面跑得快的恒星风推挤着前面的恒星风时，白色物质重叠起来就形成了行星状星云。而巨星核心放射出的高能射线激发外层气体发出荧光，行星状星云就有了美丽的颜色。

巨星（左）和太阳（右）的体积和质量比较

héng xīng lǎo rén bái ǎi xīng
恒星老人——白矮星

bái ǎi xīng shì héng xīng zhōng de lǎo yé ye yě shì yī kē
“白矮星是恒星中的老爷爷，也是一颗
héng xīng yī shēng zhōng de zuì hòu shí guāng wǒ xiàn zài jiù tíng kào
恒星一生中的最后时光。我现在就停靠
zài yī kē bái ǎi xīng de guǐ dào shang duì tā zuò xiàn chǎng bào dào
在一颗白矮星的轨道上，对它做现场报道。”

白矮星的形成

hóng jù xīng rán shāo wán zì shēn de hài hòu hé xīn huì shōu suō
红巨星燃烧完自身的氦后，核心会收缩
chéng yī ge zhì mì de tiān tǐ wài céng zé xíng chéng xíng xīng
成一个致密的天体，外层则形成行星
zhuàng xīng yún xíng xīng zhuàng xīng yún zuì zhōng yě huì xiāo sàn
状星云。行星状星云最终也会消散，
zhǐ liú xià yī ge luǒ lù de héng xīng hé xīn zhè ge hé
只留下一个裸露的恒星核心，这个核
xīn jiù shì bái ǎi xīng
心就是白矮星。

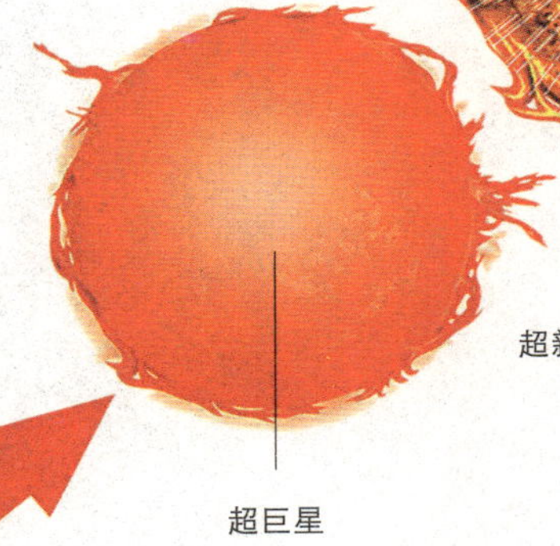

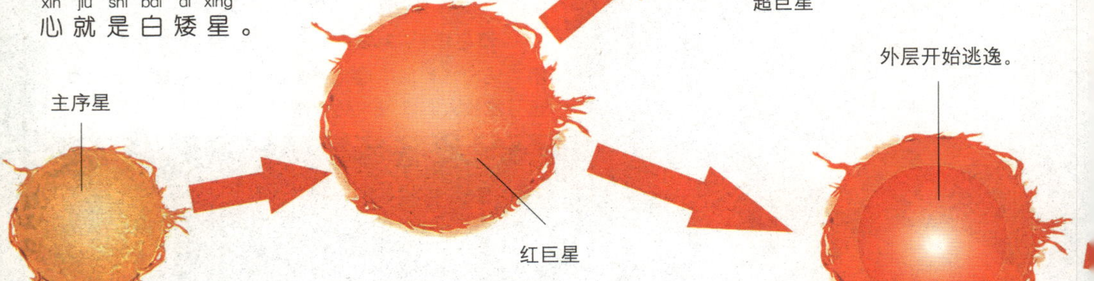

暗淡的白矮星

白矮星的结构和大小

bái ǎi xīng de hé xīn yī bān shì yóu tàn hé yǎng hùn hé gòu chéng wài miàn bāo guǒ
白矮星的核心一般是由碳和氧混合构成，外面包裹
zhe yī céng báo báo de hài bái ǎi xīng nèi bù wù zhì de yuán zǐ wài ké bèi dǎ
着一层薄薄的氦。白矮星内部物质的原子外壳被打
pò yuán zǐ hé dōu jǐn jǐn de jǐ zài yī qǐ zhè shǐ héng xīng de tǐ jī dà
破，原子核都紧紧的挤在一起，这使恒星的体积大
dà suō xiǎo suǒ yǐ yī ge bǐ yuè qiú hái yào xiǎo de bái ǎi xīng yǐ qián kě
大缩小。所以，一个比月球还要小的白矮星以前可
néng bǐ tài yáng hái dà sān sì bèi ne
能比太阳还大三四倍呢！

超新星爆发后，恒星的一小部分会残留下来，它旋转得很快，人们叫它脉冲星，它仍旧能发光。

貌不惊人

bié kàn bái ǎi xīng gè tóur bù dà yī fú bù qǐ yǎn de yàng
别看白矮星个头儿不大，一幅不起眼的样
zi tā de mì dù què fēi cháng dà bái ǎi xīng shang de wù
子，它的密度却非常大。白矮星上的物
zhì zhòng de jīng rén yī ge chá bēi dà xiǎo de bái ǎi xīng wù
质重得惊人，一个茶杯大小的白矮星物
zhì dà yuē hé dì qiú shang wǔ tóu dà xiàng de zhòng liàng yī yàng ne
质大约和地球上五头大象的重量一样呢！

恒星的大小、湿度、光度关系对照表

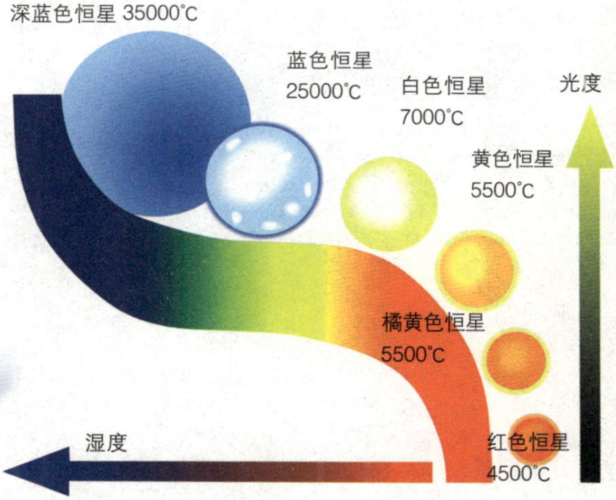

有时，超新星爆发后会产生黑洞，它能把附近所有的东西都吸卷进去。

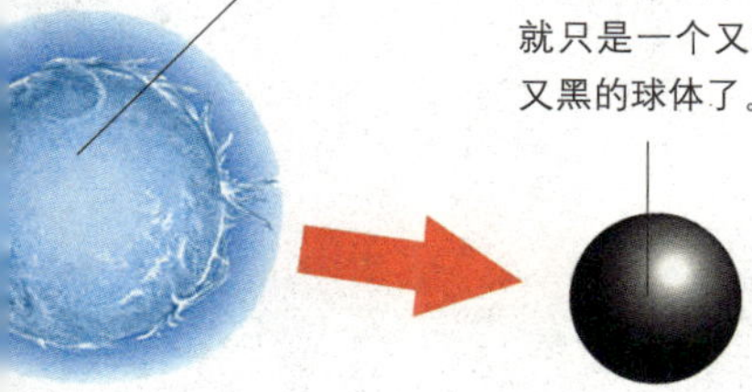

剩下的是死掉的核，叫作白矮星。它慢慢地冷却下来，逐渐变得暗淡。

几百万年后，恒星就只是一个又冷又黑的球体了。

宇宙魔法石

由于白矮星的核心没有核反应来供给光与热，因此整个星球会越来越暗，最后变成一颗不发光的死寂星球——黑矮星。不过这个过程十分漫长，大约需要一百多亿年呢！

白矮星在耗尽燃料后会熄灭。

白矮星的温度

yǒu de bái ǎi xīng huì fā chū bái sè de guāng máng zhè shuō míng tā de wēn dù hái
有的白矮星会发出白色的光芒，这说明它的温度还
fēi cháng gāo wǒ men zhī dào tài yáng de biǎo miàn wēn dù yǒu ér bái
非常高。我们知道，太阳的表面温度有6000°C，而白
ǎi xīng biǎo miàn de wēn dù bǐ tài yáng gāo duō le kě dá
矮星表面的温度比太阳高多了，可达10000°C！

特别报道：超新星爆发

“各位观众，宇宙中发生了一次超新星的爆发事件。这么难得的事件我们一定不能错过，我马上为大家报道这一激动人心的新闻。”

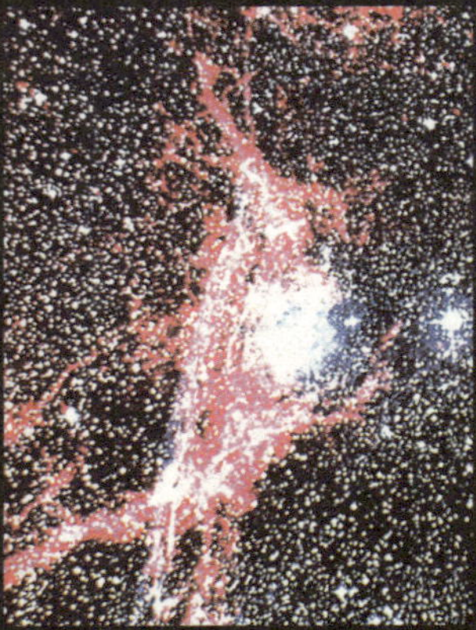

超新星

什么是超新星

当一颗质量巨大的恒星的燃料用完时，它就会发生大爆炸。由于在爆发的过程中会产生十分明亮的光芒，让人们误以为产生了新的恒星，因此这时的恒星就叫“新星”。如果一颗新星的亮度超过了原来亮度的1000万倍以上，就叫做“超新星”。

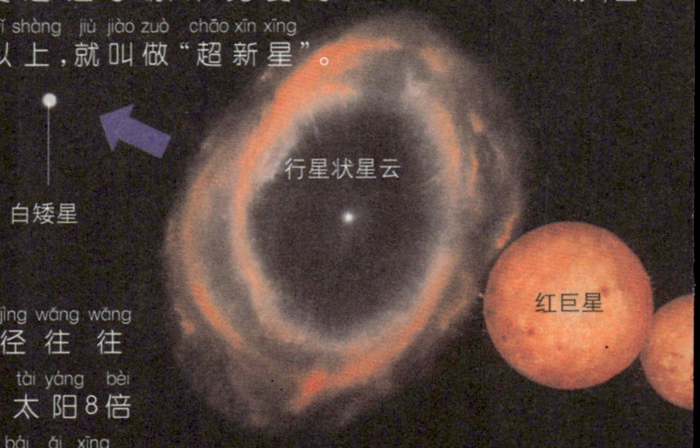

超新星爆发

质量较大的恒星走向死亡的途径往往是十分壮烈的，通常质量大于太阳8倍以上的星球，不会平静地演化为白矮星，而是引发一场大爆炸，星体的亮度突然增亮几十倍甚至上百倍，这就是所谓的“超新星爆发”。超新星爆发极为罕见，据记载，银河系中最近期的一次出现在1604年。

宇宙魔法石

1987年1月24日，在麦哲伦云中，一颗超新星爆炸了。爆炸时放出的光芒非常强烈，成为近百年来最亮的一颗超新星。

超新星爆发的能量

chāo xīn xīng bào fā de jī liè chéng dù lìng rén nán yǐ zhì xìn ér tā zài bào fā shí shì fàng chū de néng liàng yě
超新星爆发的激烈程度令人难以置信，而它在爆发时释放出的能量也
wú bǐ jù dà jù jì suàn yī cì chāo xīn xīng dà bào fā shùn jiān suǒ shì fàng chū de néng liàng xiāng dāng yú yī
无比巨大。据计算，一次超新星大爆发瞬间所释放出的能量，相当于一
ge zhǔ xù xīng zài jǐ yì nián zhōng shì fàng de néng liàng zǒng hé zhēn shì lìng rén chēng mù jié shé ya
个主序星在几亿年中释放的能量总和，真是令人瞠目结舌呀！

超新星爆发的残骸

chāo xīn xīng bào fā hòu chǎn shēng de cán hái jí wéi chì rè bìng qiě huì zài jiē xià lái
超新星爆发后产生的残骸极为炽热，并且会在接下来
de shù bǎi nián shèn zhì shù qiān nián lǐ jì xù kuò sàn hé fā guāng xíng chéng xīng yún
的数百年甚至数千年里，继续扩散和发光，形成星云。
zhù míng de jīn niú zuò zhōng de xiè zhuàng xīng yún jiù shì duō nián qián yī kē chāo
著名的金牛座中的蟹状星云就是900多年前，一颗超
xīn xīng bào fā hòu de shèng yú wù zhì
新星爆发后的剩余物质。

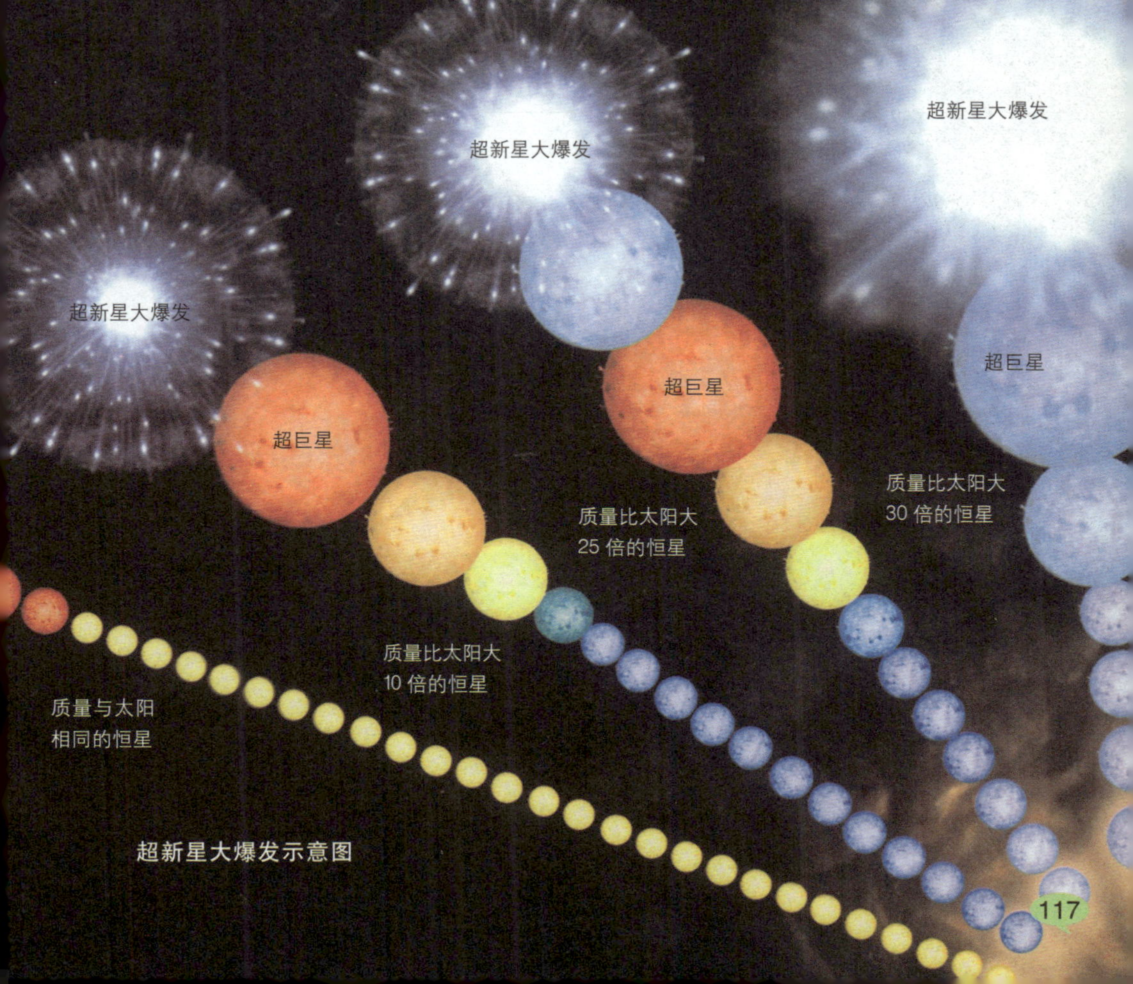

超新星大爆发示意图

恒星的尸体——中子星

“主编，您好。本期《宇宙探索报》的内容仍然是对恒星进行系列追踪报道。中子星是质量较大的恒星的‘尸体’。以下就是我对中子星的具体报道。”

超新星爆发后形成的中子星

中子星的构造

中子星并不像恒星的其他阶段一样，由气体组成，它的构造就像一颗生鸡蛋。内部是由一种叫中子的粒子组成的液体，外面则是一层大约1千米厚的坚硬薄壳，由硬度很高的金属连接组成，它的硬度比钢要高100倍。

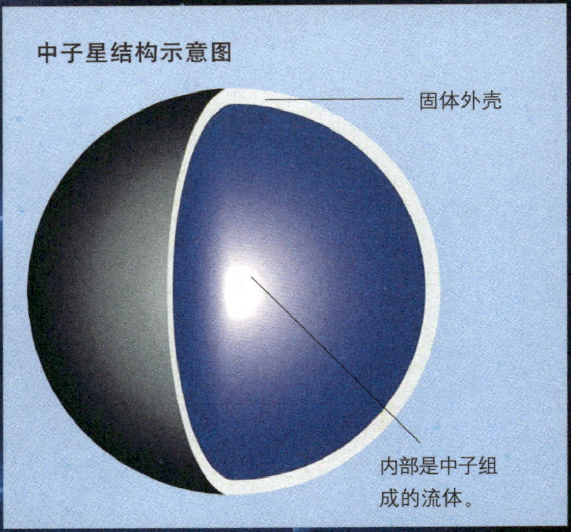

中子星的密度非常大。

密度惊人的中子星

中子星的密度非常大。一颗中子星的直径一般只有20千米，和一个中等城市差不多大小，但是它的质量却和太阳一样重。

宇宙灯塔——脉冲星

当一颗中子星高速旋转，并产生强大磁场的时候，它就会变成脉冲星。脉冲星旋转时，会从正反两个方向发射出两束无线电波——脉冲。脉冲的释放有一定的规律，就像是灯塔里闪烁的信号灯一样。脉冲星最快的每秒可以送出642次脉冲，最慢的每5.1秒送出一次脉冲。

脉冲星

中子星磁场示意图

不存在的“小绿人”

地球上的科学家们第一次探测到宇宙中的脉冲信号时，认为那是外星人发出的信号。他们甚至还想象出了外星人的模样：他们有着绿色皮肤，不需要吃饭，是能够进行光合作用的“小绿人”。后来才知道，那是脉冲星在捣蛋。

金牛座蟹状星云的中心就有一颗中子星。

宇宙魔法石

2005年9月，美国天文学家找到一颗迄今为止移动速度最快的超密中子星。根据计算发现，这颗原本属于银河系天鹅座的中子脉冲星在过去的250万年间，一直在众多星座间“横冲直撞”。

yǔ zhòu lā jī tǒng hēi dòng
宇宙垃圾桶——黑洞

hào wài hào wài yǔ zhòu zhōng yòu chǎn shēng le yī
“号外！号外！宇宙中又产生了一
ge hēi dòng tā xiàng yī ge dà lā jī tǒng shén me dōng xi
个黑洞。它像一个大垃圾桶，什么东西
dōu wǎng lǐ xī yǔ zhòu tàn suǒ bào mǎ shàng wèi dà
都往里吸，《宇宙探索报》马上为大
jiā zuò xiàn chǎng bào dào
家做现场报道”。

黑洞的对立面——白洞

黑洞的形成

yī ge zhì liàng jù dà de chāo xīn xīng bào zhà shí hé xīn wǎng wǎng huì
一个质量巨大的超新星爆炸时，核心往往会
xíng chéng yī ge zhōng zǐ xīng dàn shì dāng chāo xīn xīng bào fā hòu shèng
形成一个中子星。但是当超新星爆发后剩
yú wù zhì de zhì liàng réng rán chāo guò tài yáng de sān bèi shèn zhì gèng
余物质的质量仍然超过太阳的三倍甚至更
gāo shí zhì mì de zhōng zǐ xīng yě wú fǎ chéng shòu zhè me dà de zhòng
高时，致密的中子星也无法承受这么大的重
lì tā jiù huì tān tā biàn chéng yī ge hēi dòng
力，它就会坍塌，变成一个黑洞。

星体坍塌形成黑洞。

黑洞的样子

hēi dòng bìng bù xiàng rén men xiǎng xiàng de
黑洞并不像人们想象的
nà yàng shì yī kǒu hēi qī qī de shēn
那样，是一口黑漆漆的深
jǐng huò zhě shì shān yá xià wú dǐ de shēn
井或者是山崖下无底的深
yuān hēi dòng qí shí shì wú xíng wú yǐng
渊。黑洞其实是无形无影
de zài yǔ zhòu zhōng zhǐ shì yī piàn hēi
的，在宇宙中只是一片黑
àn kē xué jiā men yě zhǐ shì tōng guò
暗。科学家们也只是通过
cè liáng hēi dòng de yǐn lì cái néng pàn
测量黑洞的引力，才能判
duàn chū hēi dòng de cún zài
断出黑洞的存在。

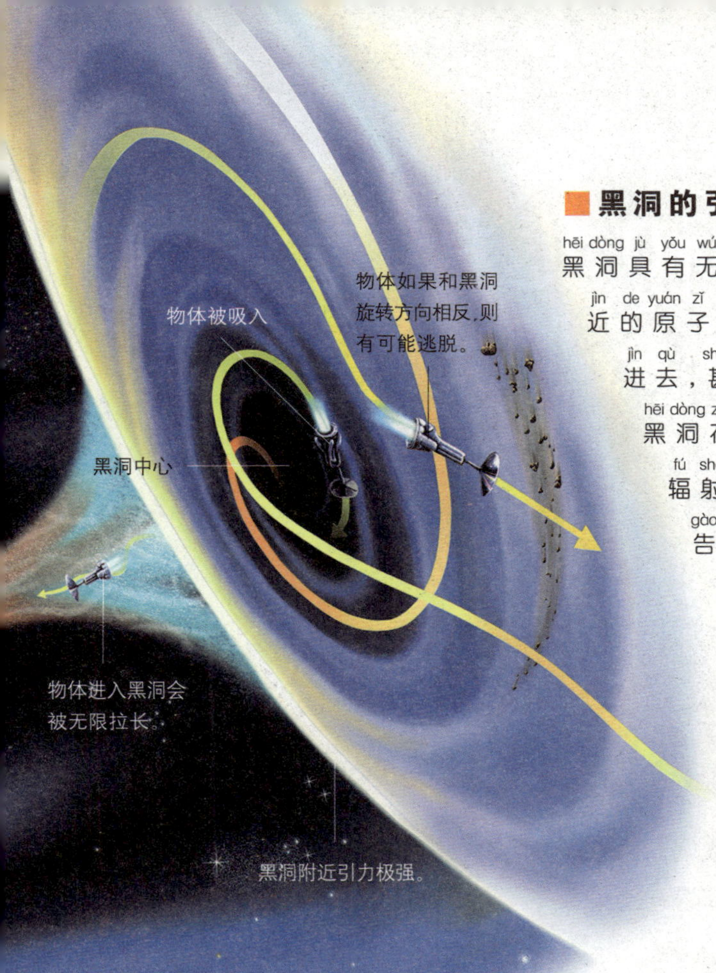

黑洞的引力

黑洞具有无穷大的引力，它能将附近的原子、尘埃、巨大的恒星都吸进去，甚至连光线也无法逃脱。黑洞在吞食天体时会变热，并辐射出X射线，以此向宇宙宣告它的巨大力量。

黑洞活动时的情形

宇宙魔法石

你知道吗，在银河系的中央就有可能存在着一个黑洞，它每年吞食的星球、气体和尘埃的总质量大约是地球质量的 3 倍哦！

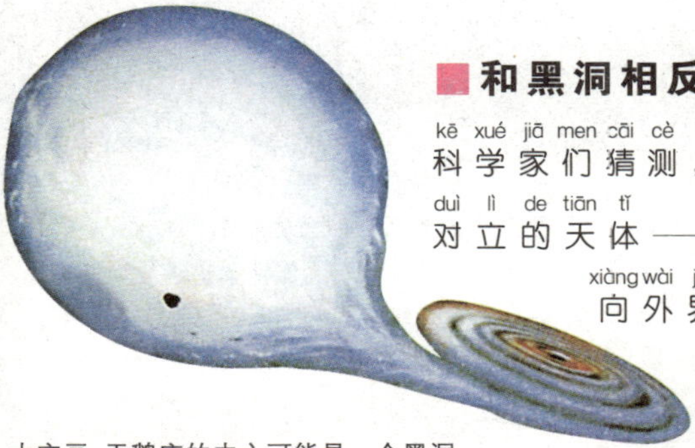

太空画：天鹅座的中心可能是一个黑洞。

和黑洞相反的白洞

科学家们猜测，宇宙中可能还存在着一种和黑洞对立的天体——白洞。白洞好像一个喷泉，它只向外界喷射物质和能量，却不吸收外部的任何东西，物质可以在它的周围自由运动，非常奇妙！

北斗星和北极星

“在北半球的星空中，北斗七星和北极星是很容易被发现的，而且它们还有一些特殊的作用，你是不是也想知道它们到底有什么作用呢？那就仔细看看本期的《宇宙探索报》吧！”

北半天球星座图

北斗七星

北斗七星是大熊星座的背部和尾巴。

北斗七星属于大熊星座的一部分，构成了大熊的背部和尾巴。7颗明亮的星星在天空中排列成了一把勺子的形状，所以它又被称为勺子星。勺子头上的4颗星称为斗魁，柄上的3颗星称为斗柄。通过斗口的两颗星连线，朝斗口方向延长就可以找到北极星。

宇宙魔法石

由于受到太阳和月球引力的影响，地球在自转过程中会发生轻微的摆动。这使地球自转轴所指的“北极星”的宝座也要经常更换主人。再过12000年，织女星就会成为北极星的新主人。

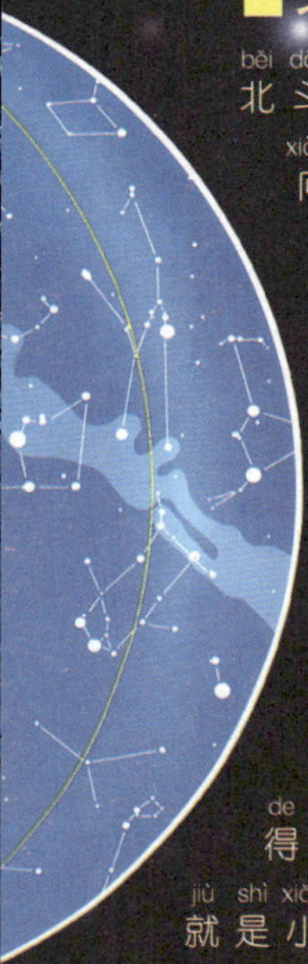

北斗星定季节

北斗星不但美丽耀眼，还可以用来确定季节。当北斗星的斗柄指向东方的时候，地球的北半球就是春天；指向北方的时候就是夏天；指向西方的时候，收获的秋季就来临了；而指向南方的时候，就是白雪皑皑的冬天了。是不是很奇妙呢！

不动的北极星

小熊星座上也有一个“勺子”，但它们比北斗七星要小得多。在这个小北斗的斗柄，也就是小熊的尾巴上，就是明亮的北极星。从天空中看起来，北极星的位置几乎一动不动，而其他的星星好像都在围绕着北极星转动。

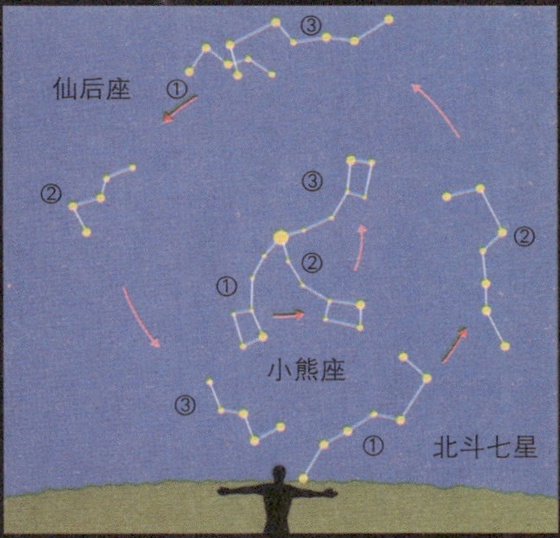

图为一夜内星座的方位变化。①为16时的方位，②为20时的方位，③为翌日2时的方位。

北极星辨方向

北极星位于北极的正上方。由于地球自转以通过南、北极点的直线为轴线，而北极星几乎和地球自转轴的延伸点重合。因此，人们可以用北极星来辨认方向。当人在野外迷路的时候，只要找到北极星，那么它所在的方向就是北方了。

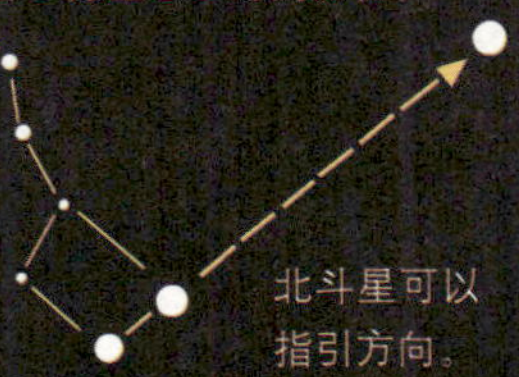
北斗星可以指引方向。

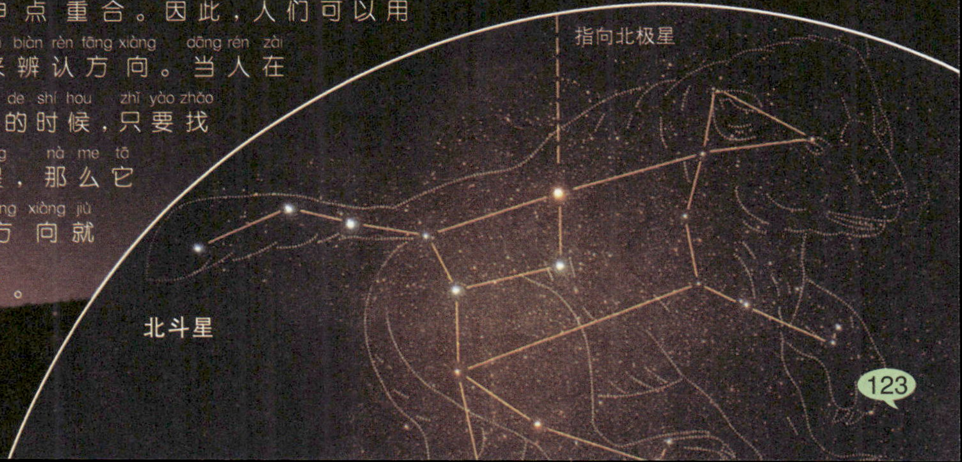

huáng dào shí èr xīng zuò
黄道十二星座

zhǔ biān nín hǎo zài rén lèi de suǒ yǒu
“主编，您好！在人类的所有
xīng zuò zhōng huáng dào shí èr xīng zuò shì zuì zǎo chū xiàn
星座中，黄道十二星座是最早出现
de xīng zuò míng chēng yīn cǐ wǒ tè bié xī wàng bǎ zhè
的星座名称。因此，我特别希望把这
ge yǒu qù de xiǎo zhī shi jiè shào gěi wǒ men yǔ zhòu nèi de qí tā
个有趣的小知识介绍给我们宇宙内的其他
dú zhě men yǐ xià jiù shì wǒ fā huí de bào dào
读者们，以下就是我发回的报道。”

双子座

黄道是什么

yóu yú dì qiú rào tài yáng gōng zhuàn cóng dì qiú kàn qù tài yáng
由于地球绕太阳公转，从地球看去，太阳
xiàng shì zài xīng zuò zhī jiān yí dòng rén men bǎ tài yáng de yùn
像是在星座之间移动，人们把太阳的运
xíng lù xiàn jiào zuò huáng dào
行路线叫做黄道。
tài yáng měi nián dōu yào
太阳每年都要
jīng guò ge xīng zuò
经过12个星座，
rén men bǎ zhè xiē xīng
人们把这些星
zuò chēng wéi huáng dào
座称为黄道
shí èr xīng zuò
十二星座。

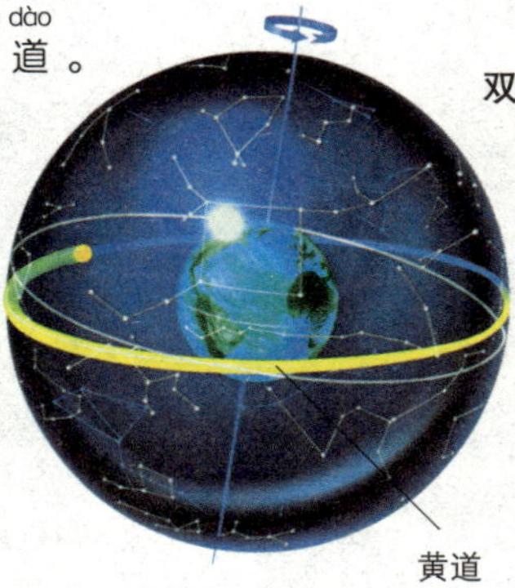

天球与地球

宇宙魔法石

1928年，国际天文学联合会规定全天分为88个星座。除黄道十二星座外，北半球有29个星座，南半球有47个星座，它们共同构成了美丽的星空。

黄道十二星座的成员

黄道十二星座包括白羊座（3月21日~4月20日）、金牛座（4月21日~5月21日）、双子座（5月22日~6月21日）、巨蟹座（6月22日~7月22日）、狮子座（7月23日~8月23日）、室女座（8月24日~9月22日）、天秤座（9月23日~10月23日）、天蝎座（10月24日~11月22日）、人马座（11月23日~12月21日）、摩羯座（12月22日~1月20日）、水瓶座（1月21日~2月18日）和双鱼座（2月19日~3月20日）。

黄道十二星座的历史

公元前3000年，游牧民族迦勒底人发现天上的星群是随季节不断变化着的。于是他们就用想象的虚线把星星连结起来，描绘出各种动物和人的形象，形成了最早的黄道十二宫，也是最早的星座名称。

被挡住的星座

对于黄道十二星座，人们常常会认为：到了哪个月份，在天空中就可以看到它对应的那个星座。事实上正好相反，比如在3月21日到4月20日之间，太阳运行到十二星座中白羊座的位置，就会把白羊座阻挡了起来。所以，在这段时间的夜空中，是看不到白羊座的！

宇宙探索报

2006

本期《宇宙探索报》宇宙及银河系驻地记者尤丽丝，从太空发回的报道

新闻背景
独家专访

主编 严要求

太阳系特派员 布海帕

宇宙及银河系驻地记者 尤丽丝

地球航天事业跟踪观察员 叮当

从诞生到死亡
追踪恒星的一生

恒星和自然界中的其他物体一样，也会经历从诞生到死亡的过程，这个过程可达几百万年甚至几万亿年。在这段漫长的岁月中，恒星发生轰轰烈烈的变化，最终或引发震撼的超新星爆发、或塌陷为诡异的黑洞。

特别报道
尤丽丝

采访对象：
全知道——地球 B 国物理学家

一颗恒星生命周期的长短与什么有关？

恒星 90%的生命是处在主序列带上的，不同质量的恒星在主序列带上存在的时间是不一样的。质量比较大的恒星消耗氢的速度比较快，那么在主序列带上停留的时间就比较短。一个恒星生命期长短与质量关系的大概是，生命周期和质量的 2.5 次方成反比。例如：质量是太阳 10 倍的恒星生命期是太阳的三百分之一，也就是三千多万年。

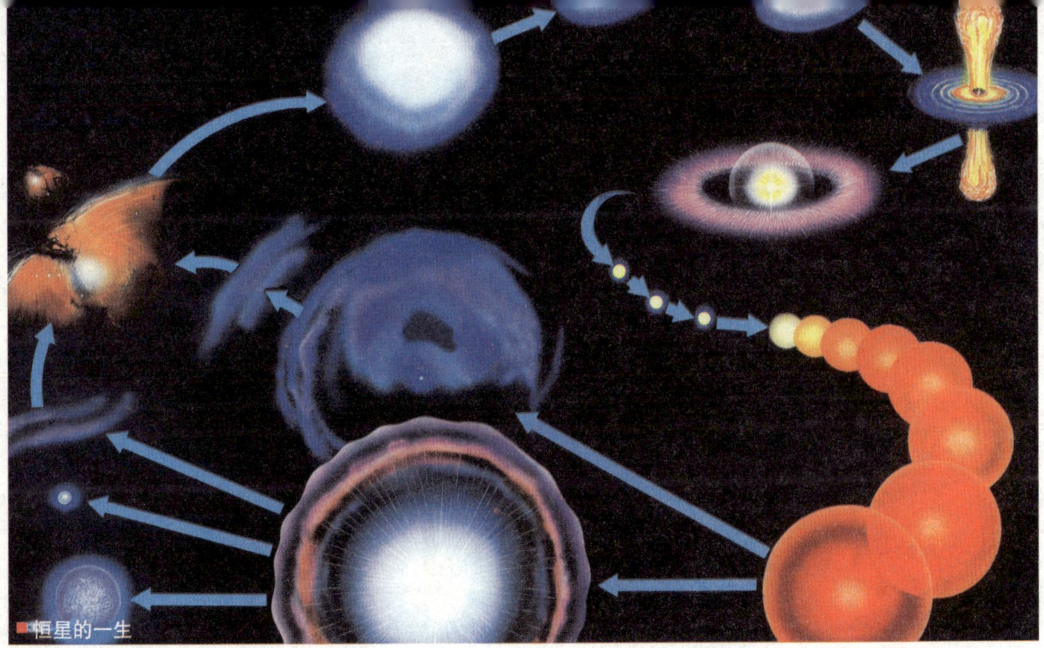

恒星的一生

弥漫在宇宙空间中的星云会形成一个孕育恒星的“星胎”。它经过漫长的收缩、演化，最终会形成一个炽热的球体——原序星。原序星停止收缩后，就进入了恒星一生中最主要的阶段——主星序阶段。这时恒星的核心就像一颗大核弹，不断地发生爆炸，并向外辐射着热量。恒星在长达数十亿年的时间里都稳定地保持着这样的状态。

演化到后期的恒星，内部的变化越来越剧烈。它就像一个风烛残年的老人，再也无法承受体内剧烈的变化，恒星发出了无比明亮的光芒——大爆炸发生了。几十天之后，爆炸渐渐平静下来，恒星辉煌灿烂的一生也就结束了。

不同质量的恒星，其最终的归宿也不同。一般有三种结局：质量较小的恒星最后会变成一颗白矮星，白矮星再不断冷却，最后成为一颗又冷又暗的黑矮星；而质量比较大的恒星最后会形成中子星或者黑洞。

文/尤丽丝

距地球约 16 万光年的大麦哲伦云星系中编号为 SN 1987A 的超新星爆发是在 1987 年，这是 300 年来距离我们最近的一次超新星爆发。爆发的恒星质量约是太阳质量的 20 倍。超新星爆发时，强烈的紫外线照亮了这颗恒星的边缘，形成一个亮环，哈勃太空望远镜观测到了这一亮环。

新闻背景

1、早在公元二、三世纪，中国古代天文学家张衡、祖冲之等就设计制造出精巧的观测仪器，通过恒星的观测，以定岁时，改进历法。

2、1911 年，丹麦天文学家赫兹伯仑和美国天文学家罗素把恒星的光度与表面温度绘制成一个图，人们称它为赫兹伯仑－罗素图，简称赫罗图。天文学家根据赫罗图描绘了恒星从诞生到成长再到衰亡的演化过程，并从理论上给出恒星从诞生到死亡的演化机制，是人类认识恒星世界的一个重大突破。

3、1932 年，英国苏联物理学家朗道第一次提出中子星的概念。1967 年底，剑桥大学的休伊什教授和他的研究生贝尔女士意外地发现了射电脉冲星。后来，这颗脉冲星被证实就是高速旋转的磁中子星。

4、爱因斯坦在《广义相对论》中预言，宇宙中存在着无数大质量的天体——黑洞。20 世纪 60 年代，爱因斯坦的预言得到了验证，科学家们在银河系中真的发现了许多黑洞。

TION DESIGN
GHT REDUCTION
TOM TRAINING
ND SOFTWARE
USA

第三章

人类太空探秘的脚步

jǐ qiān nián lái rén lèi xiàng tài kōng tàn mì de jiǎo bù shǐ zhōng méi yǒu tíng zhǐ
几千年来，人类向太空探秘的脚步始终没有停止
guò dào le jīn tiān rén lèi de háng tiān shì yè yǐ jīng fā zhǎn dào le hěn gāo de
过。到了今天，人类的航天事业已经发展到了很高的
shuǐ píng bù jǐn kě yǐ pài qiǎn tàn cè qì dào yǔ zhòu zhōng jìn jù lí guān cè xīng
水平，不仅可以派遣探测器到宇宙中近距离观测星
tǐ hái kě yǐ qīn zì chéng zuò yǔ zhòu fēi chuán hé háng tiān fēi jī áo yóu tài kōng
体，还可以亲自乘坐宇宙飞船和航天飞机遨游太空。

yī ge dì qiú shang de xiǎo péng yǒu dīng dāng zuò wéi yǔ zhòu tàn suǒ bào
一个地球上的小朋友——叮当，作为《宇宙探索报》
dì qiú háng tiān shì yè de gēn zōng guān chá yuán bù jǐn huì dài lǐng zhe wǒ men qù
地球航天事业的跟踪观察员，不仅会带领着我们去
cān guān bié jù yī gé de yuán dǐng tiān wén tái dào yǒu qù de tiān wén guǎn lǐ guān
参观别具一格的圆顶天文台，到有趣的天文馆里观
kàn xīng kōng diàn yǐng dào yǔ zhòu kōng jiān zhàn zhōng lǚ xíng shèn zhì hái huì ràng wǒ
看星空“电影”，到宇宙空间站中旅行，甚至还会让我
men tǐ yàn yī xià yǔ háng yuán de qí miào shēng huó kàn le dīng dāng de bào dào zhī
们体验一下宇航员的奇妙生活。看了叮当的报道之
hòu wǒ men hái huì rèn shi xǔ duō rén lèi lì shǐ shang wěi dà de tiān wén xué jiā liǎo
后，我们还会认识许多人类历史上伟大的天文学家，了
jiě wèi xīng de zhǒng lèi hái néng xué huì guān yú tài kōng tàn cè qì de zhī shi ne
解卫星的种类，还能学会关于太空探测器的知识呢！

hái děng shén me ne ràng wǒ men gǎn kuài fān kāi xīn yī qī de yǔ zhòu
还等什么呢，让我们赶快翻开新一期的《宇宙
tàn suǒ bào ba
探索报》吧！

wěi dà de tiān wén xué jiā men
伟大的天文学家们

zhǔ biān nín hǎo wǒ shì dì qiú háng tiān shì yè de
"主编，您好！我是地球航天事业的
gēn zōng guān chá yuán dīng dāng cóng jīn tiān qǐ wǒ jiāng wèi dú zhě
跟踪观察员叮当。从今天起，我将为读者
men bào dào dì qiú shang háng tiān shì yè de fā zhǎn qíng kuàng
们报道地球上航天事业的发展情况。
shǒu xiān wǒ wèi dà jiā jiè shào jǐ wèi rén lèi tàn suǒ yǔ zhòu de
首先，我为大家介绍几位人类探索宇宙的
xiān qū tiān wén xué jiā
先驱——天文学家。"

哥白尼

哥白尼

gē bái ní shì bō lán tiān wén xué jiā shì tài yáng
哥白尼是波兰天文学家，是太阳
zhōng xīn shuō de chuàng lì zhě shì jì yǐ qián
中心说的创立者。15世纪以前，
rén men yī zhí yǐ wéi dì qiú shì yǔ zhòu de zhōng
人们一直以为地球是宇宙的中
xīn dàn shì gē bái ní tí chū le zì jǐ de jiàn
心，但是哥白尼提出了自己的见
jiě tā rèn wéi tài yáng cái shì yǔ zhòu de zhōng xīn
解：他认为太阳才是宇宙的中心，
yuè liang dì qiú hé qí tā xíng xīng dōu wéi rào
月亮、地球和其他行星都围绕
zhe tài yáng yùn zhuǎn suī rán tā de xué shuō yǒu yī dìng de jú xiàn xìng dàn
着太阳运转。虽然他的学说有一定的局限性，但
què shì tiān wén xué de yī dà jìn bù
却是天文学的一大进步。

伽利略

宇宙魔法石

为了纪念天文学家们在天文学上的巨大贡献，人们常用这些天文学家的名字命名一些天体。比如月球背面有4座环形山，就分别以中国古代天文学家石申、张衡、祖冲之、郭守敬命名。

伽利略

jiā lì lüè bù jǐn shì yì dà lì wěi dà de wù lǐ xué jiā shù xué jiā
伽利略不仅是意大利伟大的物理学家、数学家，
hái shì wěi dà de tiān wén xué jiā jiā lì lüè zài nián fā míng le
还是伟大的天文学家。伽利略在1609年发明了
tiān wén wàng yuǎn jìng guān cè dào mù xīng de sì kē wèi xīng yuè miàn
天文望远镜，观测到木星的四颗卫星，月面
āo tū bù píng de dì biǎo hái fā xiàn yín hé shì yóu xǔ xǔ duō duō
凹凸不平的地表，还发现银河是由许许多多
dú lì de héng xīng zǔ chéng de zài tiān wén xué shang zuò chū le jù dà
独立的恒星组成的，在天文学上做出了巨大
de gòng xiàn
的贡献。

人类的目光一直关注着神秘的宇宙。

牛顿

牛顿

niú dùn shì yīng guó zhù míng de wù lǐ xué jiā shù xué jiā hé tiān wén xué
牛顿是英国著名的物理学家、数学家和天文学
jiā tā cóng shù shang de píng guǒ luò dào dì shang de xiàn xiàng zhōng fā xiàn
家，他从树上的苹果落到地上的现象中发现
le wàn yǒu yǐn lì jiě shì le yuè qiú wèi shén me jì bù huì fēi pǎo yòu
了万有引力，解释了月球为什么既不会飞跑又
bù huì luò dào dì qiú shang de yuán yīn tā hái gǎi jìn le jiā lì lüè de
不会落到地球上的原因。他还改进了伽利略的
wàng yuǎn jìng shǐ rén men néng gèng qīng chu de guān cè yǔ zhòu zhōng de
望远镜，使人们能更清楚地观测宇宙中的
tiān tǐ
天体。

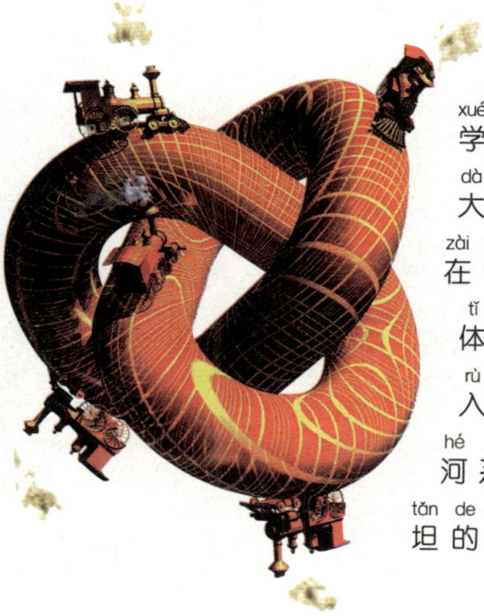

爱因斯坦的相对论指出：宇宙中时间和空间是非常复杂地纠缠在一起的。

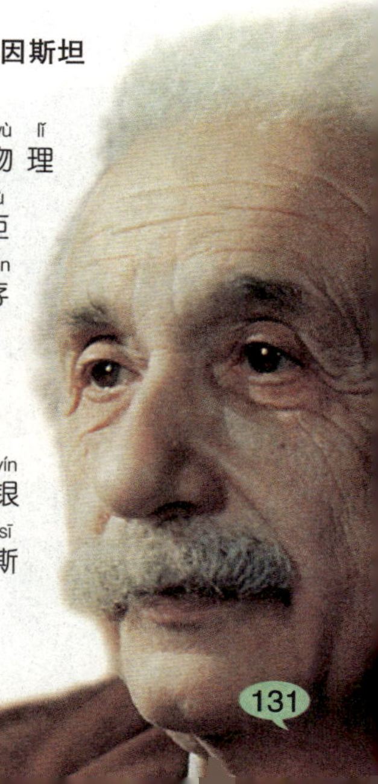

爱因斯坦

爱因斯坦

ài yīn sī tǎn shì yī wèi wěi dà de wù lǐ
爱因斯坦是一位伟大的物理
xué jiā dàn tā duì tiān wén xué yě yǒu zhe jù
学家，但他对天文学也有着巨
dà de gòng xiàn tā yù yán yǔ zhòu zhōng cún
大的贡献。他预言宇宙中存
zài zhe wú shù zhì liàng fēi cháng dà de tiān
在着无数质量非常大的天
tǐ hēi dòng kě yǐ jiāng guāng xiàn xī
体——黑洞，可以将光线吸
rù qí zhōng hòu lái rén men guǒ rán zài yín
入其中。后来，人们果然在银
hé xì zhōng fā xiàn le xǔ duō hēi dòng ài yīn sī
河系中发现了许多黑洞，爱因斯
tǎn de yù yán dé dào le zhèng shí
坦的预言得到了证实。

bié jù yī gé de yuán dǐng tiān wén tái
别具一格的圆顶天文台

rèn shi le wèi rén lèi tiān wén shì yè zuò chū
"认识了为人类天文事业做出
jù dà gòngxiàn de tiān wén xué jiā men hòu dīng
巨大贡献的天文学家们后，叮
dāng dài lǐng dà jiā qù cān guān yī xià shè jì
当带领大家去参观一下设计
de hěn yǒu tè sè de yuán dǐng tiān wén tái
得很有特色的圆顶天文台。"

俄罗斯杰连秋史卡亚天文台

天文台的种类

wǒ men tōng cháng suǒ shuō de tiān wén tái dōu shì zhǐ lì yòng dì miàn tiān wén wàng yuǎn
我们通常所说的天文台，都是指利用地面天文望远
jìng lái guān cè gè lèi tiān tǐ de tiān wén guān cè jī dì hé tiān wén yán jiū fēn xī zhōng
镜来观测各类天体的天文观测基地和天文研究分析中
xīn xiàn zài quán shì jiè yǐ yǒu wǔ bǎi duō ge tiān wén tái fēn wéi guāng xué tiān wén tái
心。现在全世界已有五百多个天文台，分为光学天文台、
shè diàn tiān wén tái hé hóng wài tiān wén tái sān zhǒng
射电天文台和红外天文台三种。

天文观测室

天文台的半圆顶

tiān wén tái duō shè jì chéng yuán dǐng zhè yàng cái biàn yú guān cè
天文台多设计成圆顶，这样才便于观测。
yīn wèi tiān tǐ fēn bù zài tiān kōng zhōng de gè gè jiǎo luò tiān
因为天体分布在天空中的各个角落，天
wén tái zhōng de guān cè yí qì yòu fēi cháng páng dà cǎi
文台中的观测仪器又非常庞大，采
yòng pǔ tōng de wū dǐng yí qì hěn nán suí yì zhǐ
用普通的屋顶，仪器很难随意指
xiàng tiān kōng zhōng de mù biāo ér bǎ wū dǐng shè
向天空中的目标。而把屋顶设
jì chéng bàn yuán xíng zài zài shàng miàn kāi yī
计成半圆形，再在上面开一
ge kě yǐ rèn yì biàn huàn jiǎo dù de tiān chuāng
个可以任意变换角度的天窗，
zhè yàng jiù kě yǐ fāng biàn de jìn xíng guān cè le
这样就可以方便地进行观测了。

天文台建在哪儿

帕洛马山天文台

tiān wén tái yī bān jiàn zài yuǎn lí chéng shì hé gōng kuàng chǎng qū de dì
天文台一般建在远离城市和工矿厂区的地
fang zhōu wéi méi yǒu gāo dà de jiàn zhù wù ér qiě bái tiān hé
方，周围没有高大的建筑物。而且白天和
wǎn shang de wēn chā bù néng tài dà qì hòu yào bǐ jiào
晚上的温差不能太大，气候要比较
gān zào zhǐ yǒu zhè yàng kōng qì cái bǐ jiào gān jìng tiān
干燥。只有这样空气才比较干净，天
kōng cái bǐ jiào míng liàng biàn yú guān cè
空才比较明亮，便于观测。

天文台一般都建在山上。

著名的格林尼治天文台

gé lín ní zhì tiān wén tái wèi yú lún dūn dōng bù tài wù shì hé pàn shǐ jiàn
格林尼治天文台位于伦敦东部泰晤士河畔，始建
yú shì jì nián dài nián gǎi jiàn chéng huáng jiā tiān wén tái nián
于15世纪30年代，1675年改建成皇家天文台。1950年
huáng jiā tiān wén tái qiān wǎng xīn zhǐ hòu gāi tiān wén tái huà guī guó
皇家天文台迁往新址后，该天文台划归国
jiā hǎi yáng bó wù guǎn shè yǒu tiān wén zhàn tiān
家海洋博物馆，设有天文站、天
wén yí qì guǎn děng zhǎn chū yīng guó zǎo qī de tiān
文仪器馆等，展出英国早期的天
wén guān cè yí qì hé tiān wén lì shǐ zī liào děng
文观测仪器和天文历史资料等。

宇宙魔法石

在英国有一个巨石阵，它的主轴线指向了夏至时日出的方向，还有两块石头的连线指向了冬至时日落的方向。据此推测这个巨石阵可能是古代人们用来观测天象的天文台。

格林尼治天文台院内有决定世界标准时间和时区的子午线。

ràng rén dà kāi yǎn jiè de tiān wén guǎn
让人大开眼界的天文馆

cān guān wán le tiān wén tái shì bù shì hái yǒu diǎn yì yóu wèi jìn ne méi guān xì jiē xià lái wǒ men mǎ shàng chū fā qù tiān wén guǎn nà lǐ de dōng xi gèng jiā yǒu qù yī dìng huì ràng nǐ dà kāi yǎn jiè de
“参观完了天文台，是不是还有点意犹未尽呢？没关系，接下来我们马上出发去天文馆，那里的东西更加有趣，一定会让你大开眼界的！”

小朋友们可以在天文馆里学到许多知识。

天象仪说明图

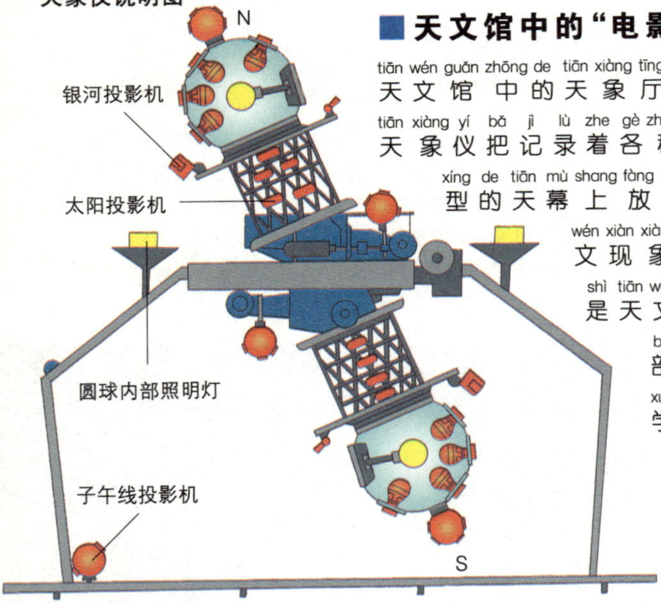

天文馆中的“电影院”

tiān wén guǎn zhōng de tiān xiàng tīng jiù xiàng yī zuò diàn yǐng yuàn guāng xué tiān xiàng yí bǎ jì lù zhe gè zhǒng tiān wén xiàn xiàng de jiāo piàn zài bàn qiú xíng de tiān mù shang fàng yìng guān zhòng men kě yǐ gēn gè zhǒng tiān wén xiàn xiàng lái yī cì jìn jù lí jiē chù zhè yě shì tiān wén yǔ háng háng hǎi dà dì cè liáng děng bù mén yòng lái jìn xíng tiān wén jiào xué yǔ kē xué pǔ jí de zhòng yào tú jìng
天文馆中的天象厅就像一座“电影院”。光学天象仪把记录着各种天文现象的胶片，在半球型的天幕上放映。观众们可以跟各种天文现象来一次近距离接触。这也是天文、宇航、航海、大地测量等部门用来进行天文教学与科学普及的重要途径。

北京天文馆

宇宙魔法石

世界上第一座天文馆于1823年在德国的慕尼黑诞生。不过当时的天象仪很落后，放出的“电影”也远不如现在清晰，内容也没有现在这么丰富哦！

开始放"电影"喽

天象厅里的"电影"开始了！在这里，人们能同时看到发生在地球不同经、纬度处的天象和星空变化；能在短时间内一次欣赏到数十年、上百年、甚至于上千年才可能出现的各种天象。比如太阳的"羽毛"、旋转着的九大行星、拖着"长尾巴"的彗星……真让人眼花缭乱、目不暇接呀！

开始放"电影"喽！

天球仪

奇妙的天球仪

天文馆里还有一个很有趣的仪器叫天球仪。天球仪上标明了各种星星的位置、名字和它们排列的方位。人们通过旋转天球仪就可以很容易地知道在不同地方、不同时间所能看到的星空景象。

世界上著名的天文馆

世界上许多国家都建有天文馆，其中比较著名的有美国的格林菲斯天文馆、德国的汉堡天文馆以及加拿大的埃德蒙天文馆等等。其中埃德蒙天文馆还被设计成了一艘宇宙飞船的样子，非常奇特。

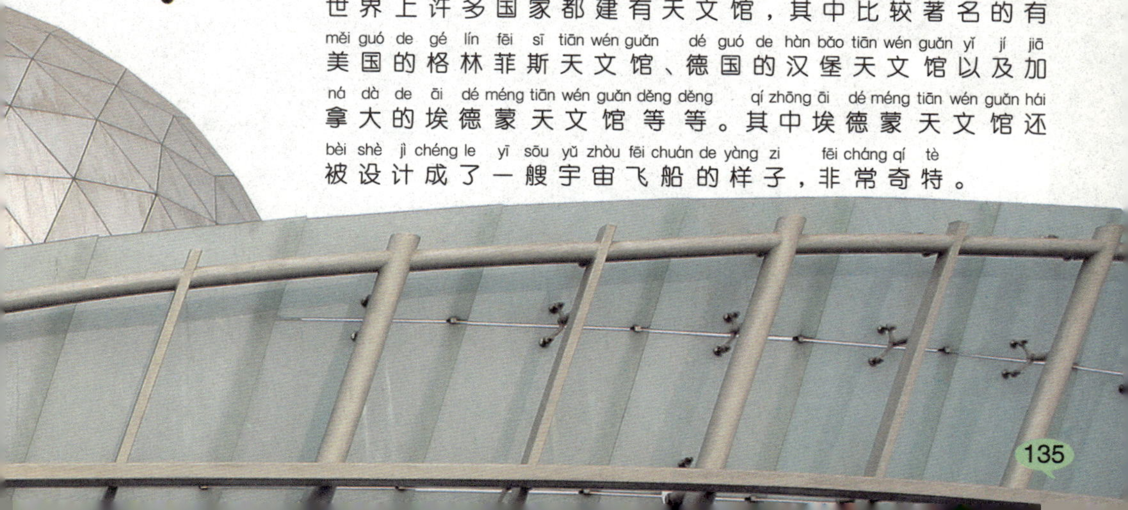

wàng xiàng tài kōng de dà yǎn jing
望向太空的“大眼睛”

zài wàng yuǎn jìng fā míng yǐ qián rén lèi zhǐ néng kào ròu yǎn lái guān cè tài
“在望远镜发明以前，人类只能靠肉眼来观测太
kōng wàng yuǎn jìng de fā míng dà dà kāi kuò le rén lèi de shì yě tuī dòng le tiān
空。望远镜的发明大大开阔了人类的视野，推动了天
wén xué de fā zhǎn suǒ yǐ wǒ jīn tiān jiù wèi dà jiā jiè shào yī xià zhè xiē shén
文学的发展。所以，我今天就为大家介绍一下这些神
qí de wàng yuǎn jìng
奇的望远镜。”

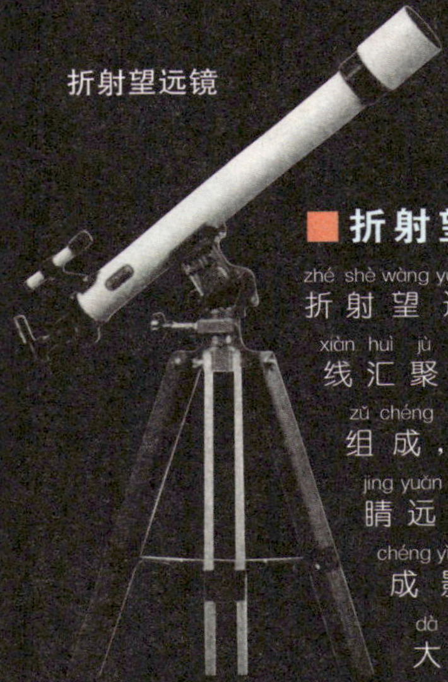
折射望远镜

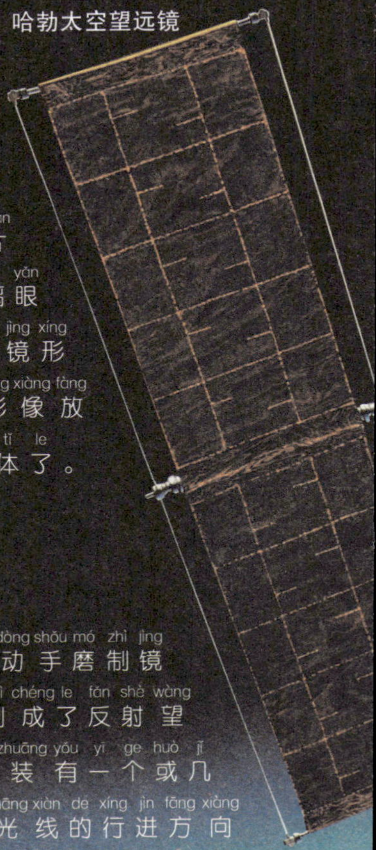
哈勃太空望远镜

折射望远镜

zhé shè wàng yuǎn jìng shì yòng tòu jìng zuò wù jìng jiāng guāng
折射望远镜是用透镜作物镜将光
xiàn huì jù de wàng yuǎn jìng tā yóu liǎng ge jìng piàn
线汇聚的望远镜。它由两个镜片
zǔ chéng lí yǎn jing jìn de jìng piàn jiào mù jìng lí yǎn
组成，离眼睛近的镜片叫目镜，离眼
jing yuǎn de jiào wù jìng wù tǐ xiān jīng guò wù jìng xíng
睛远的叫物镜。物体先经过物镜形
chéng yǐng xiàng rán hòu zài jīng guò mù jìng bǎ yǐng xiàng fàng
成影像，然后再经过目镜把影像放
dà wǒ men jiù néng kàn qīng yuǎn fāng de wù tǐ le
大，我们就能看清远方的物体了。

反射望远镜

反射望远镜

nián dà kē xué jiā niú dùn zì jǐ dòng shǒu mó zhì jìng
1868年，大科学家牛顿自己动手磨制镜
piàn gǎi zào le jiā lì lüè wàng yuǎn jìng zhì chéng le fǎn shè wàng
片改造了伽利略望远镜，制成了反射望
yuǎn jìng fǎn shè wàng yuǎn jìng tōng cháng zhuāng yǒu yí ge huò jǐ
远镜。反射望远镜通常装有一个或几
ge fǎn shè jìng kě yǐ tōng guò gǎi biàn guāng xiàn de xíng jìn fāng xiàng
个反射镜，可以通过改变光线的行进方向
de fāng shì tiáo jié jiāo jù zhè yàng bù bì jiā cháng wàng yuǎn jìng de cháng
的方式调节焦距，这样不必加长望远镜的长
dù jiù kě yǐ bǎ wù tǐ fàng de gèng dà fēi cháng fāng biàn
度，就可以把物体放得更大，非常方便。

射电望远镜

射电望远镜主要用来接收天体发射的无线电波。1940年，美国的一位工程师研制成了第一架射电望远镜，并用它探测到了银河系中心发出的无线电波。射电望远镜由定向天线、高灵敏度接收机和记录仪等部分组成。天线将收集到的电波送到接收机上，接收机将微弱的天体电波高倍放大，最后送到记录仪器上记录下来，人们再分析数据就可以了解天体的信息了。

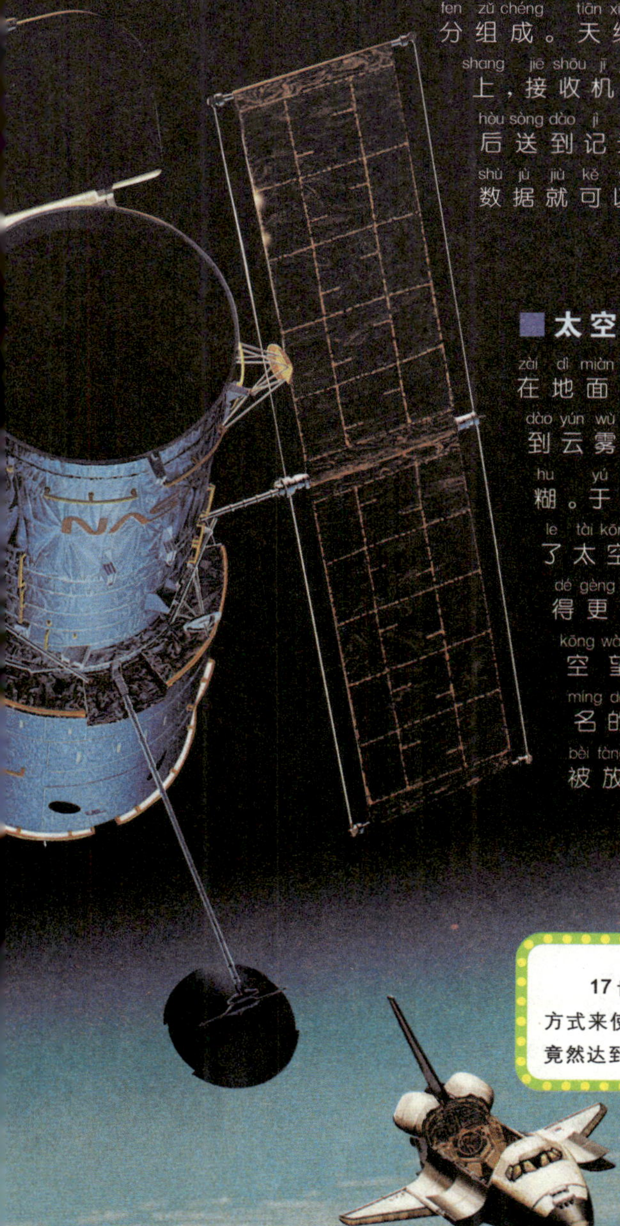

太空望远镜

在地面上用望远镜观测常常会受到云雾、尘埃的干扰，看到的图像很模糊。于是人们就想办法把望远镜搬到了太空，发明了太空望远镜，以此获得更清楚的图像。世界上第一座太空望远镜就是以天文学家哈勃命名的哈勃望远镜，它于1990年首次被放到了太空中。

宇宙魔法石

17世纪的时候，人们常常通过增加望远镜长度的方式来使观测变得更清楚。当时最长的一架望远镜竟然达到46米。

fēi xiàng tài kōng de chì bǎng
飞向太空的“翅膀”

jǐ qiān nián lái, rén lèi yī zhí mèng xiǎng zhe néng jìn rù tài kōng. huǒ jiàn de fā míng shí xiàn le rén lèi de zhè ge mèng xiǎng, tā jiāng wèi xīng、 fēi chuán děng dōu sòng jìn le tài kōng. nà huǒ jiàn wèi shén me yǒu zhè me dà de běn lǐng ne? xiǎng zhī dào de huà, jiù kàn kan dīng dāng wèi dà jiā zuò de bào dào ba.

“几千年来，人类一直梦想着能进入太空。火箭的发明实现了人类的这个梦想，它将卫星、飞船等都送进了太空。那火箭为什么有这么大的本领呢？想知道的话，就看看叮当为大家做的报道吧。”

火箭

huǒ jiàn shì mù qián wéi yī néng shǐ wù tǐ dá dào yǔ zhòu sù dù, kè fú huò bǎi tuō dì qiú yǐn lì jìn rù yǔ zhòu kōng jiān de yùn zài gōng jù. huǒ jiàn yòng yú yùn zài háng tiān qì jiào háng tiān yùn zài huǒ jiàn, yī bān yóu dòng lì xì tǒng、kòng zhì xì tǒng hé jié gòu xì tǒng zǔ chéng, yǒu de hái jiā yáo cè、ān quán zì huǐ hé qí tā fù jiā xì tǒng. duō jí huǒ jiàn gè jí zhī jiān yǒu chuàn lián、bìng lián hé chuàn bìng lián jǐ zhǒng lián jiē fāng shì.

火箭是目前唯一能使物体达到宇宙速度，克服或摆脱地球引力进入宇宙空间的运载工具。火箭用于运载航天器叫航天运载火箭，一般由动力系统、控制系统和结构系统组成，有的还加遥测、安全自毁和其他附加系统。多级火箭各级之间有串联、并联和串并联几种联接方式。

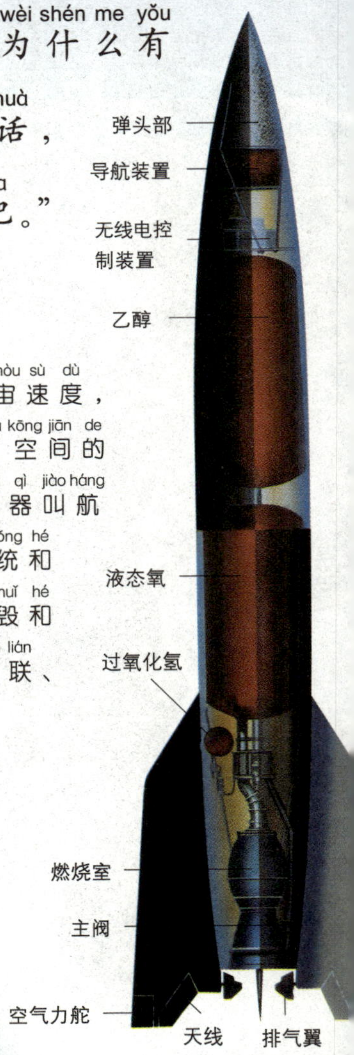

火箭结构示意图

宇宙魔法石

火箭发射前，总会听到倒计时的声音“10、9、8、7……”，让人有一种紧迫感。倒计时是火箭发射的最后阶段，表示发射的准备工作都已经做好了，这也显示火箭发射是一件非常严肃的事情。

正在升空的火箭

火箭如何飞上太空

我们松开一个被吹胀的气球时，它会迅速地飞出去。这是因为气球中的气体喷射出来时，产生了一个反作用力，气球就是借助这个反作用力飞走的。火箭也运用了同样的原理：火箭的体内装着许多燃料，这些燃料燃烧时喷射出强大的气体，推动火箭垂直升上天空。当火箭的速度达到每秒7.9千米时，它就会挣脱地球的引力，飞出地球，飞上太空。

火箭的类别

火箭有很多类别，按照使用能源的不同，可以分为化学火箭、核火箭和电火箭；按照用途的不同，可以分为无控火箭弹、探空火箭和运载火箭。我们平常了解到的火箭是运载卫星、空间探测器或者宇宙飞船的运载火箭。

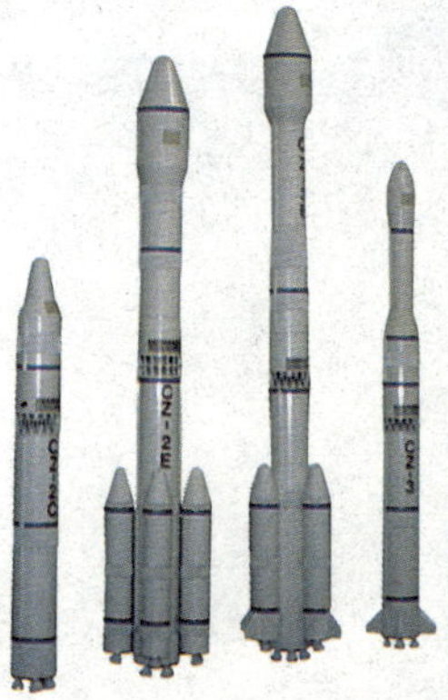

中国长征系列火箭模型

火箭发射中心

火箭发射中心是专门用来发射火箭的基地，其中最引人注目的是高耸入云的发射台，它是用来支撑火箭的。此外还有技术监控中心，对火箭发射前和发射后的数据进行监控，并下达指挥命令。现在全世界大约有15个火箭发射中心。

火箭发射后，火箭架回到地面。

tài kōng jīng líng rén zào wèi xīng
太空精灵——人造卫星

rén zào wèi xīng shì rén lèi fā shè dào tài kōng
“人造卫星是人类发射到太空
de rén zào tiān tǐ tā men jiù xiàng shì yǔ zhòu zhōng de xiǎo
的人造天体，它们就像是宇宙中的小
jīng líng zài dì qiú zhōu wéi chuān suō wǎng lái huò zhě wèi fēi jī chuán
‘精灵’，在地球周围穿梭往来，或者为飞机船
zhī jìn xíng dǎo háng huò zhě qì xiàng tàn cè ràng wǒ men qù yī qǐ rèn
只进行导航，或者气象探测。让我们去一起认
shi yī xià tā men ba
识一下它们吧！”

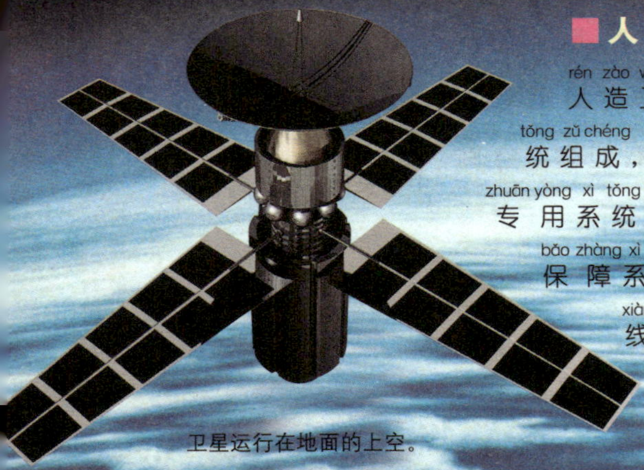

卫星运行在地面的上空。

人造卫星的结构

rén zào wèi xīng yóu bāo hán gè zhǒng yí qì shè bèi de ruò gān xì
人造卫星由包含各种仪器设备的若干系
tǒng zǔ chéng fēn wéi zhuān yòng xì tǒng hé bǎo zhàng xì tǒng liǎng bù fen
统组成，分为专用系统和保障系统两部分。
zhuān yòng xì tǒng bāo kuò tàn cè yí qì yáo gǎn yí qì hé zhuǎn fā qì
专用系统包括探测仪器、遥感仪器和转发器。
bǎo zhàng xì tǒng bāo kuò rè kòng zhì xì tǒng diàn yuán xì tǒng wú
保障系统包括热控制系统、电源系统、无
xiàn diàn cè kòng xì tǒng guǐ dào kòng zhì xì tǒng fǎn huí
线电测控系统、轨道控制系统。返回
xíng wèi xīng hái yǒu fǎn huí zhuó lù xì tǒng tā yóu zhì
型卫星还有返回着陆系统，它由制
dòng huǒ jiàn jiàng luò sǎn hé xìn biāo jī zǔ chéng
动火箭、降落伞和信标机组成。

人造卫星向地面传送数据。

人造卫星是如何飞上天的

rén zào wèi xīng shì dā zài zhe huǒ jiàn fēi rù tài kōng de tā bèi zhuāng zài huǒ
人造卫星是搭载着火箭飞入太空的。它被装在火
jiàn de tóu bù wài miàn bāo guǒ zhe yī céng jiān gù de bǎo hù zhào wèi xīng tōng
箭的头部，外面包裹着一层坚固的保护罩。卫星通
guò huǒ jiàn de tuī lì hé huǒ jiàn yī qǐ xiàng shàng fēi xíng dào dá yù dìng de wèi
过火箭的推力和火箭一起向上飞行，到达预定的卫
xīng guǐ dào hòu tā jiù huì hé huǒ jiàn fēn lí zì jǐ rào zhe guǐ dào fēi xíng
星轨道后，它就会和火箭分离，自己绕着轨道飞行。

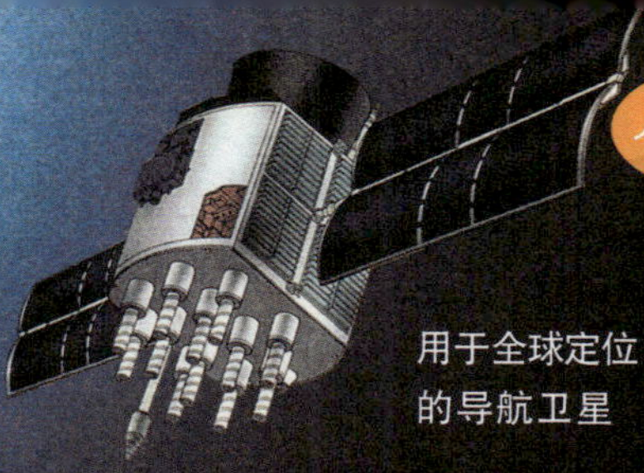

用于全球定位的导航卫星

人造卫星轨道

人造卫星的轨道可分为地球同步轨道、静止轨道等。如果卫星绕地球一周的时间等于地球的自转周期，这样的轨道叫地球同步轨道。如果从地面上各地方看过去，卫星在赤道上的一点静止不动，这种轨道叫静止轨道。由于静止轨道能够长期观测特定地区，并能将大范围的区域同时收入视野，因此被广泛应用于气象、通讯卫星。

卫星运行在地球的上空。

宇宙魔法石

卫星在太空中绕着地球飞行，为什么不会掉下来呢？因为科学家们使人造卫星的保持着一定的速度和高度，这样卫星环绕地球飞行所产生的离心力，与地球引力对卫星产生的吸引力，就会达到平衡。

人造卫星家族

现在太空中飞行着各种各样的人造卫星，它们按照用途可分为：为飞机和船舶导航的导航卫星、进行气象观测的气象卫星、用于军事目的的军事卫星、提供两地通信的通信卫星以及其他用途的卫星。

飞行在地球上空的人造卫星

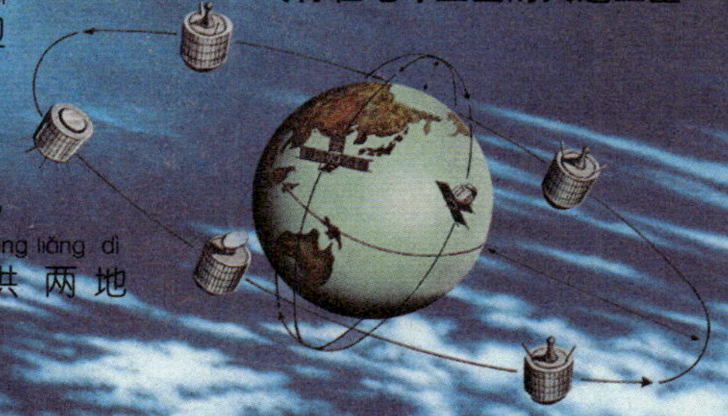

yǔ zhòu xìn xī zhēn chá bīng

宇宙信息侦察兵

yǔ zhòu kōng jiān zhōng yǒu xǔ duō dì fang rén lèi dōu wú
“宇宙空间中有许多地方人类都无
fǎ duì qí jìn xíng jìn jù lí kǎo chá yú shì tài kōng tàn cè qì
法对其进行近距离考察，于是太空探测器
jiù chéng le wǒ men de zhēn chá bīng xià miàn dīng dāng jiù gěi
就成了我们的侦察兵。下面叮当就给
dà jiā jiè shào jǐ zhǒng tài kōng tàn cè qì
大家介绍几种太空探测器。”

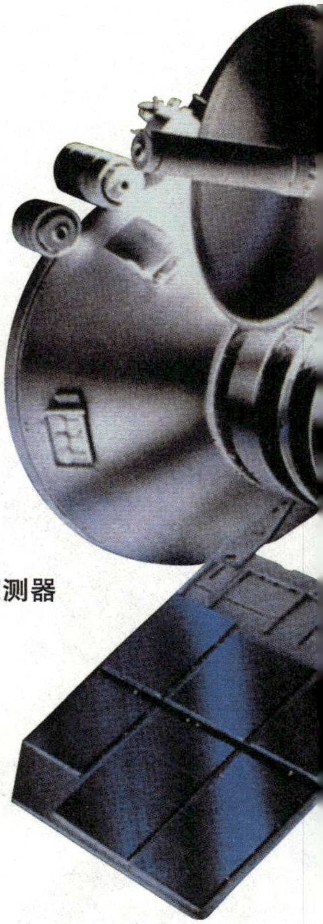
彗星探测器

太空探测器的出现

tài kōng tàn cè qì shì wú rén jià shǐ de háng tiān qì zì shì jì nián dài kāi shǐ
太空探测器是无人驾驶的航天器。自20世纪50年代开始，
měi guó hé sū lián jiù zhuó shǒu duì yǔ zhòu de kāi fā cǐ hòu rén lèi gòng xiàng tài
美国和苏联就着手对宇宙的开发。此后，人类共向太
kōng fā shè le zhǒng xíng hào de tàn cè qì jìn bǎi ge nián měi guó fā shè
空发射了15种型号的探测器近百个。1958年美国发射
de xiān qū zhě hào shì shì jiè shang dì yī ge xíng xīng hé xíng xīng jì tàn cè qì
的先驱者号是世界上第一个行星和行星际探测器。

在行星表面着陆的探测器

太阳探测器

tài yáng biǎo miàn shàng wàn shè shì dù de gāo wēn shǐ rén lèi nán yǐ jiē jìn
太阳表面上万摄氏度的高温使人类难以接近，
zhè shí jiù lún dào tài yáng tàn cè qì dà xiǎn shēn shǒu le tài yáng tàn cè qì
这时就轮到太阳探测器大显身手了。太阳探测器
cóng tài yáng nán jí shàng kōng héng kuà tài yáng chì dào fēi xiàng tài yáng
从太阳南极上空横跨太阳赤道飞向太阳
běi jí duì tài yáng biǎo miàn jìn xíng quán fāng wèi de guān
北极，对太阳表面进行全方位的观
cè měi guó de yóu lì xī sī hào tàn cè qì jiù
测。美国的尤利西斯号探测器就
céng jìn jù lí de guān cè le tài yáng de rì miǎn yào
曾近距离地观测了太阳的日冕、耀
bān yǐ jí cí chǎng děng qíng kuàng bìng fā huí le xǔ
斑以及磁场等情况，并发回了许
duō zhòng yào de shù jù
多重要的数据。

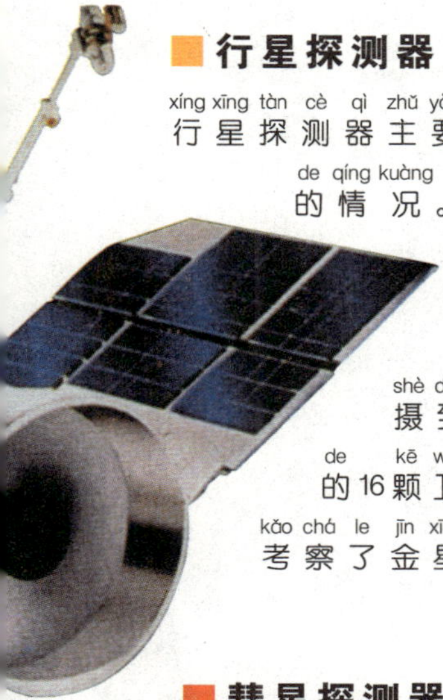

行星探测器

行星探测器主要用来考察一个或多个的行星以及邻近空间的情况。目前人类已经向太阳系中的许多行星兄弟派遣了访问使者，这些行星探测器拜访了除冥王星外的其他行星。其中麦哲伦号拍摄到了金星的地图，伽利略号考察了木星和它的16颗卫星，而金星号探测器则直接登陆金星表面，考察了金星的土壤和岩层。

行星探测器

彗星探测器

人类研制的彗星探测器主要用于探测哈雷彗星，其中维加号和乔托号都和哈雷彗星有过“亲密接触”。通过它们，人类第一次看到了彗核的真实面貌。2004年，欧洲的罗塞塔号在另一颗彗星上实现了着陆，它一边伴着彗星飞行一边观察，并在一年后顺利完成任务，带着许多重要的数据回到了地球。

宇宙魔法石

1992年9月25日，一颗火星探测器经过11个月的飞行到达了火星附近的轨道，并对火星进行了687天的观测和考察。但是到了1993年8月21日，它突然与地球失去了联系，从此就不知所踪。

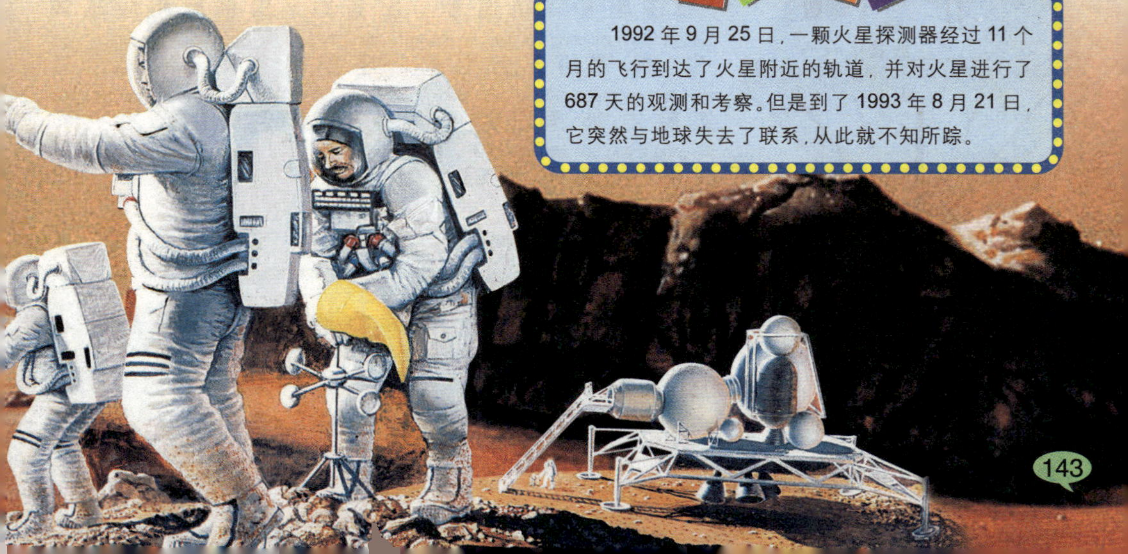

rén lèi áo yóu tài kōng de gōng jù
人类遨游太空的工具

chú le pài rén zào wèi xīng hé tàn cè qì dào tài kōng kǎo chá wài
“除了派人造卫星和探测器到太空考察外，
rén lèi yě xī wàng zì jǐ néng fēi shàng tài kōng zài rén fēi chuán jiù shì rén
人类也希望自己能飞上太空。载人飞船就是人
lèi áo yóu tài kōng de gōng jù zhī yī xià miàn dīng dāng jiù wèi gè wèi dú
类遨游太空的工具之一。下面叮当就为各位读
zhě jiè shào yī xià zài rén fēi chuán de qíng kuàng
者介绍一下载人飞船的情况。”

水星号载人飞船

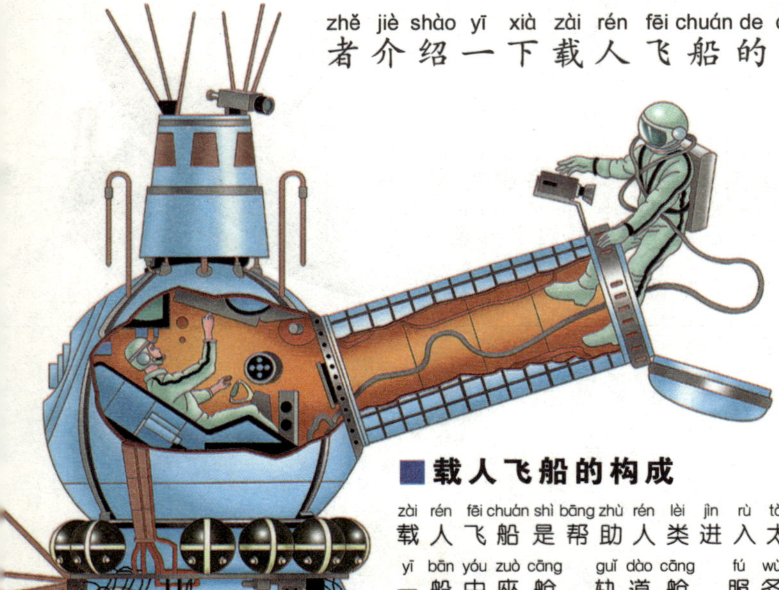

上升2号载人飞船

载人飞船的构成

zài rén fēi chuán shì bāng zhù rén lèi jìn rù tài kōng de dà gōng chén tā
载人飞船是帮助人类进入太空的“大功臣”。它
yī bān yóu zuò cāng guǐ dào cāng fú wù cāng duì jiē cāng hé yìng jí jiù
一般由座舱、轨道舱、服务舱、对接舱和应急救
shēng zhuāng zhì děng bù fen zǔ chéng zuò cāng shì fēi chuán de hé xīn guǐ
生装置等部分组成。座舱是飞船的核心，轨
dào cāng nèi zhuāng yǒu gè zhǒng shí yàn yí qì fú wù cāng zé shì wèi yǔ háng
道舱内装有各种实验仪器，服务舱则是为宇航
yuán tí gōng shēng huó bǎo zhàng de dì fang
员提供生活保障的地方。

宇宙魔法石

世界上第一位“宇宙飞人”是苏联的宇航员尤里·加加林。1961年4月21日，加加林乘坐东方1号飞船顺利地进入了太空轨道。

飞船的发射

zài rén fēi chuán shì yóu yùn zài huǒ jiàn sòng rù tài
载人飞船是由运载火箭送入太
kōng de huǒ jiàn diǎn huǒ hòu chuí zhí shēng kōng bù duàn
空的。火箭点火后垂直升空，不断
jiā sù hé shēng gāo dào dá yī dìng gāo dù hòu yī cì jìn xíng
加速和升高。到达一定高度后，依次进行
táo yì tǎ fēn lí zhù tuī qì fēn lí yī jí huǒ jiàn fēn lí pāo diào
逃逸塔分离、助推器分离、一级火箭分离、抛掉
zhěng liú zhào èr jí huǒ jiàn guān jī zhí zhì èr jí huǒ jiàn yǔ fēi chuán
整流罩、二级火箭关机，直至二级火箭与飞船
fēn lí fēi chuán bèi sòng rù yù dìng de jìn yuán xíng guǐ dào zhěng gè fā shè guò chéng gòng chí xù fēn zhōng
分离，飞船被送入预定的近圆形轨道。整个发射过程共持续10分钟。

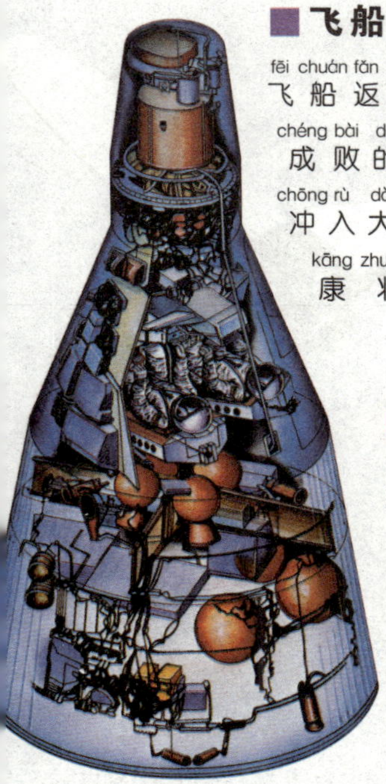

双子星号载人飞船

飞船的返回

fēi chuán fǎn huí shì zài rén háng tiān fēi xíng de zuì hòu jiē duàn yě shì jué dìng háng tiān fēi xíng
飞船返回是载人航天飞行的最后阶段，也是决定航天飞行
chéng bài de guān jiàn fēi chuán tuō lí fēi xíng de guǐ dào yán zhe yī tiáo xià jiàng de guǐ dào
成败的关键。飞船脱离飞行的轨道，沿着一条下降的轨道
chōng rù dà qì céng bìng qiě ān quán jiàng luò dào dì miàn shang yǔ háng yuán yě bǎo chí jiàn
冲入大气层，并且安全降落到地面上，宇航员也保持健
kāng zhuàng tài zhè cái biāo zhì zhe zài rén háng tiān huó dòng de yuán mǎn jié shù
康状态，这才标志着载人航天活动的圆满结束。

第一艘载人飞船——东方1号

sū lián yú nián yuè dào nián fā shè de dōng fāng hào xì liè fēi chuán kāi
苏联于1961年4月到1963年发射的东方号系列飞船，开
chuàng le rén lèi zài rén háng tiān shì yè de xīn shí dài qí zhōng dì yī sōu zài
创了人类载人航天事业的新时代。其中第一艘载
rén fēi chuán dōng fāng hào zhǐ néng dā zài yī míng yǔ háng yuán ér qiě fǎn
人飞船——东方1号只能搭载一名宇航员，而且返
huí dì miàn shí cǎi yòng de shì zuò cāng xià jiàng dào jù dì miàn qiān mǐ hòu yǔ
回地面时采用的是座舱下降到距地面7千米后，宇
háng yuán bèi tán chū zuò cāng rán hòu yòng jiàng luò sǎn zhuó lù
航员被弹出座舱，然后用降落伞着陆
de fāng shì jiàng luò
的方式降落。

néng chóng fù yòng de háng tiān fēi jī

能重复用的航天飞机

“载人飞船使用过一次就作废了，十分可惜。于是人类研制出了一种可以重复使用的航天飞机。那么除此之外，航天飞机还有什么特别之处呢？”

航天飞机的结构

航天飞机主要由三部分组成：带机翼的轨道器、外部推进剂箱和一对大型助推火箭。整个系统的起飞重量达2000吨，高56米。发射时，助推器和轨道器主发动机同时点火，起飞后约两分钟，助推火箭被抛弃并用降落伞降落，回收后再次使用。当推进剂消耗完时，航天飞机进入太空轨道，推进剂箱被抛弃。

美国的航天飞机

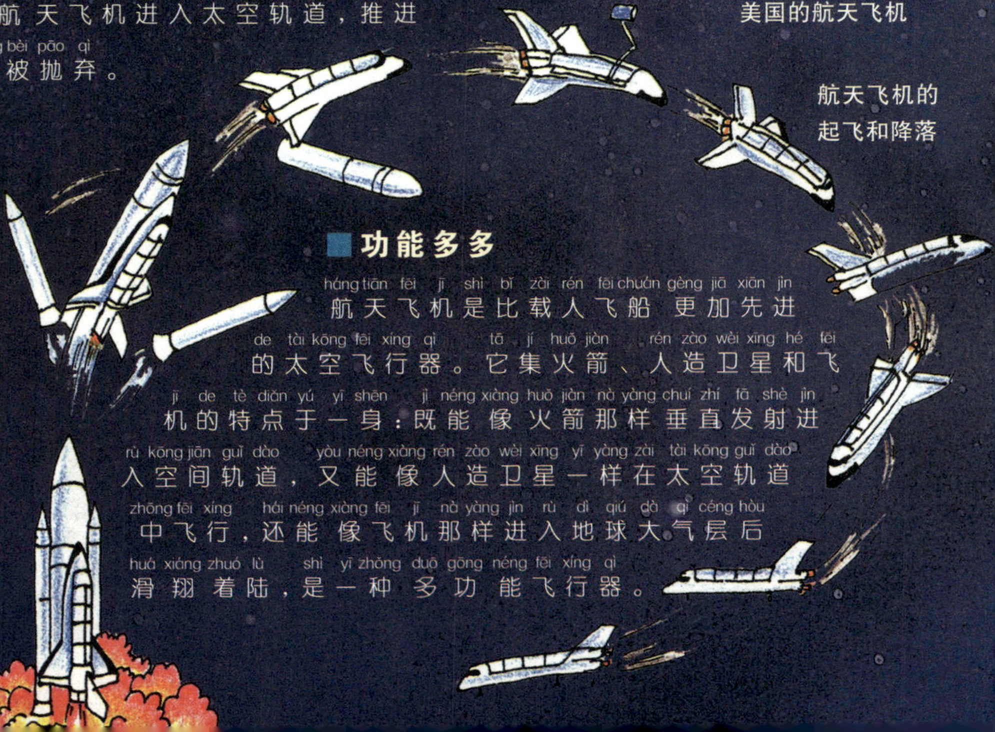

航天飞机的起飞和降落

功能多多

航天飞机是比载人飞船更加先进的太空飞行器。它集火箭、人造卫星和飞机的特点于一身：既能像火箭那样垂直发射进入空间轨道，又能像人造卫星一样在太空轨道中飞行，还能像飞机那样进入地球大气层后滑翔着陆，是一种多功能飞行器。

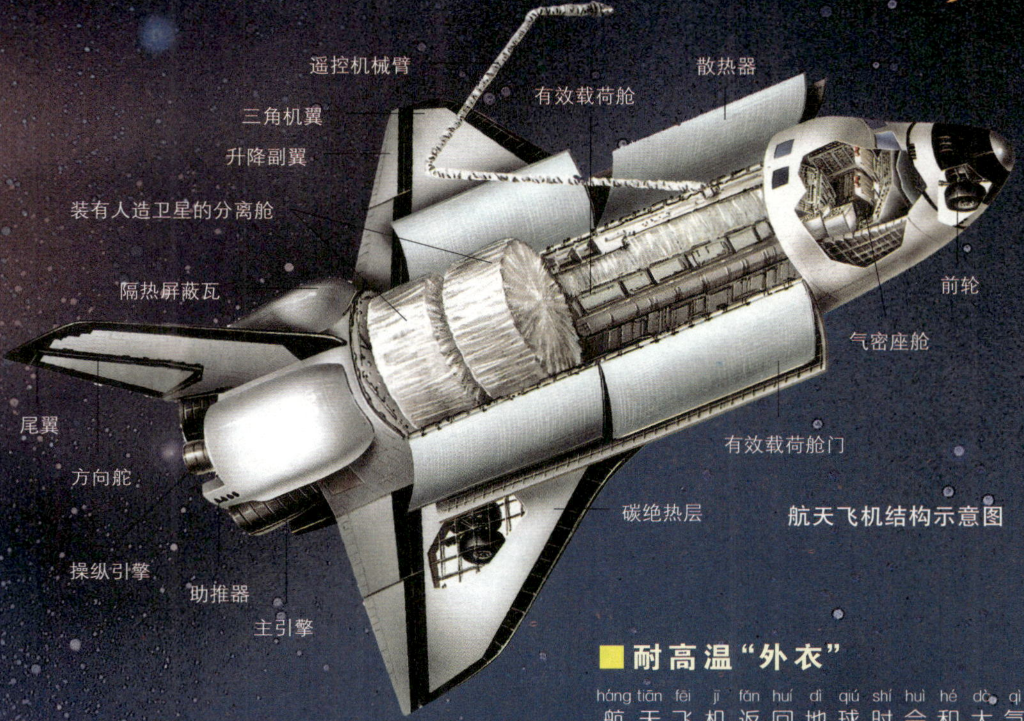

航天飞机结构示意图

耐高温"外衣"

航天飞机返回地球时会和大气层产生剧烈摩擦，这会使飞机表面温度迅速升高。于是科学家们给它穿上了一件由耐高温的防热保护材料做成的"外衣"——防热瓦，保护飞机机身和飞机内的宇航员。

宇宙魔法石

航天飞机也并不是十全十美的。在地球的大气层中有一层臭氧层，它能够保护人类免受太阳紫外线的伤害。但是航天飞机起飞时会释放出大量的有害物质，这些物质会破坏臭氧层。

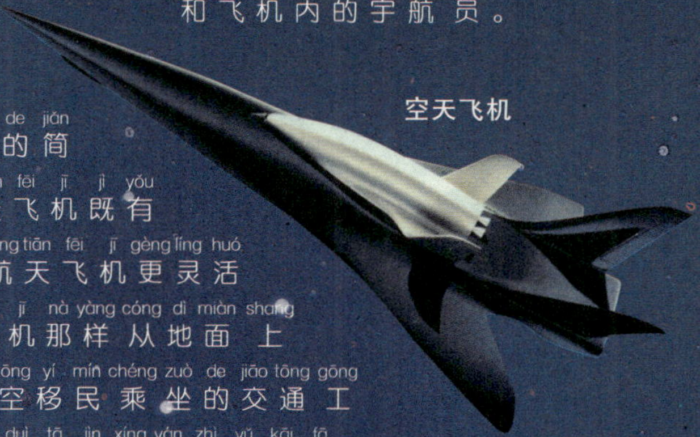
空天飞机

更加先进的空天飞机

空天飞机是航空航天飞机的简称，是第二代航天飞机。空天飞机既有比火箭更快的速度，又有比航天飞机更灵活的返回能力。还能像普通的飞机那样从地面上水平起飞，将来可能成为太空移民乘坐的交通工具。因此，现在各国都在加紧对它进行研制与开发。

dì miàn jiān cè xì tǒng
地面监测系统

zhǔ biān nín hǎo gè zhǒng háng tiān qì jiù
“主编，您好！各种航天器就

xiàng shì fēi xíng zài tài kōng zhōng de fēng zheng rén lèi
像是飞行在太空中的风筝，人类

suí shí dōu yào zài dì miàn shang duì tā men jìn xíng jiān kòng
随时都要在地面上对它们进行监控，

wǒ xiàn zài jiù zài yī ge dì miàn jiān cè zhōng xīn wèi dà jiā
我现在就在一个地面监测中心，为大家

zuò yī cì xiàn chǎng bào dào
做一次现场报道。”

地面测控站的接收器

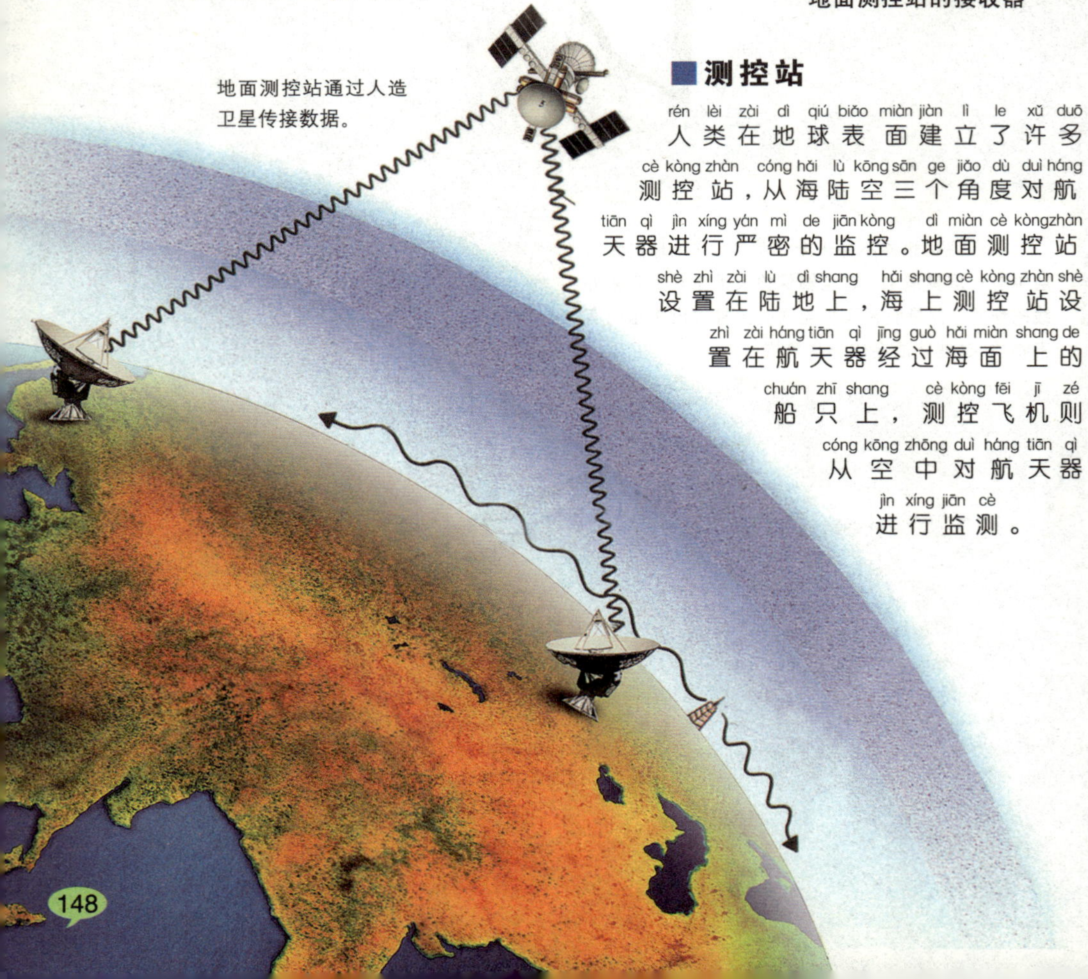

地面测控站通过人造卫星传接数据。

测控站

rén lèi zài dì qiú biǎo miàn jiàn lì le xǔ duō
人类在地球表面建立了许多

cè kòng zhàn cóng hǎi lù kōng sān ge jiǎo dù duì háng
测控站，从海陆空三个角度对航

tiān qì jìn xíng yán mì de jiān kòng dì miàn cè kòng zhàn
天器进行严密的监控。地面测控站

shè zhì zài lù dì shang hǎi shang cè kòng zhàn shè
设置在陆地上，海上测控站设

zhì zài háng tiān qì jīng guò hǎi miàn shang de
置在航天器经过海面上的

chuán zhī shang cè kòng fēi jī zé
船只上，测控飞机则

cóng kōng zhōng duì háng tiān qì
从空中对航天器

jìn xíng jiān cè
进行监测。

测控网

shè zhì zài tiān kōng lù dì hǎi shang de cè kòng zhàn xíng chéng le
设置在天空、陆地、海上的测控站形成了
yī zhāng dà wǎng bù jiàn duàn de duì gè zhǒng háng tiān qì jìn xíng
一张大网，不间断地对各种航天器进行
gēn zōng cè liáng gēn jù tā men suǒ cè liáng duì xiàng de bù tóng
跟踪测量。根据它们所测量对象的不同，
kě yǐ bǎ cè kòng wǎng fēn wéi rén zào wèi xīng cè kòng wǎng zài rén
可以把测控网分为人造卫星测控网、载人
fēi chuán cè kòng wǎng hé shēn kōng cè kòng wǎng sān zhǒng
飞船测控网和深空测控网三种。

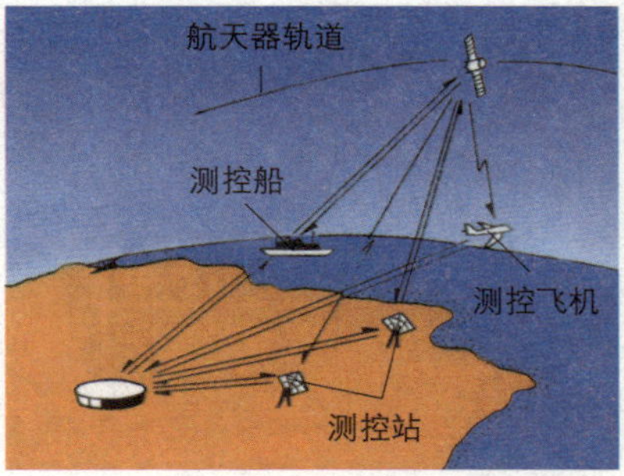

卫星测控网示意图

“空中二传手”

chú le hǎi lù kōng sān ge jiǎo dù wài rén lèi zài tài kōng zhōng hái shè zhì le yī ge
除了海陆空三个角度外，人类在太空中还设置了一个
èr chuán shǒu lái jiān cè háng tiān qì zhè jiù shì gēn zōng yǔ shù jù zhōng jì wèi
“二传手”来监测航天器，这就是跟踪与数据中继卫
xīng zhè zhǒng wèi xīng kě yǐ bǎ jiān cè dào de shù jù chuán huí dì miàn hái kě
星。这种卫星可以把监测到的数据传回地面，还可
yǐ bǎ dì miàn fā gěi háng tiān qì de zhǐ lìng zhuǎn dá gěi háng tiān yuán zuò yòng
以把地面发给航天器的指令转达给航天员，作用
fēi cháng zhòng yào
非常重要！

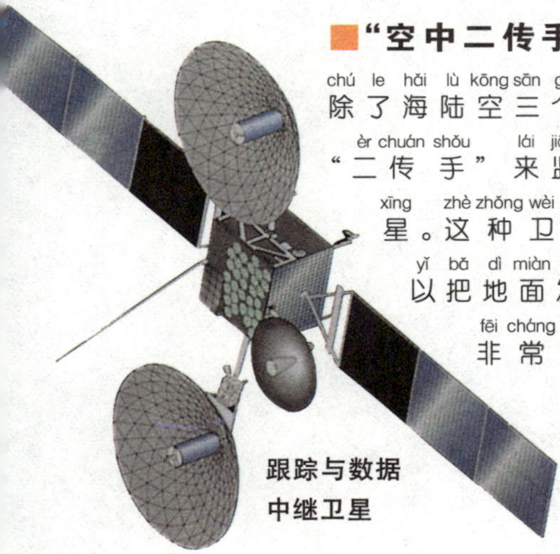
跟踪与数据中继卫星

宇宙魔法石

你知道吗，人类现在建设成的测控网已经覆盖了地球上空85%的轨道。所以，地球轨道上的一点点蛛丝马迹都逃不过人类的眼睛！

地面测控中心

dì miàn cè kòng zhōng xīn shì dì miàn jiān cè xì
地面测控中心是地面监测系
tǒng de hé xīn bù fen cè kòng zhàn hé cè
统的核心部分。测控站和测
kòng wǎng suǒ cè liáng de shù jù dōu yào jí zhōng
控网所测量的数据都要集中
dào cè kòng zhōng xīn zài zhè lǐ jīng guò jí
到测控中心，在这里经过集
zhōng chǔ lǐ rán hòu duì háng tiān qì fā chū
中处理，然后对航天器发出
zhǐ lìng yī dàn fā xiàn shù jù yǒu wèn tí
指令。一旦发现数据有问题，
háng tiān qì fā shēng le gù zhàng jiù mǎ shàng
航天器发生了故障，就马上
jìn xíng jiě jué
进行解决。

西安卫星测控中心的指挥大厅

tài kōng lǐ de zhōng guó kè rén

太空里的中国客人

nián yuè rì tài kōng yíng lái yī wèi tè shū de kè rén
“2003年10月15日，太空迎来一位特殊的客人——
lái zì zhōng guó de yǔ háng yuán yáng lì wěi nián yuè rì zhōng guó
来自中国的宇航员杨利伟。2005年10月12日，中国
de lìng liǎng wèi yǔ háng yuán fèi jùn lóng hé niè hǎi shèng
的另两位宇航员费俊龙和聂海胜
zài yī cì chéng gōng tàn fǎng le tài kōng wèi cǐ
再一次成功探访了太空。为此，
wǒ men de yǔ zhòu tàn suǒ bào tè dì fā biǎo shè
我们的《宇宙探索报》特地发表社
lùn lái jì niàn zhè liǎng cì zhòng dà shì jiàn
论，来纪念这两次重大事件。”

中国第一位进入太空的
航天员——杨利伟

神舟五号

shén zhōu wǔ hào shì zhōng guó zì xíng yán zhì de zài rén fēi chuán yóu tuī jìn cāng guǐ
神舟五号是中国自行研制的载人飞船，由推进舱、轨
dào cāng fǎn huí cāng hé fù jiā duàn zǔ chéng shén zhōu wǔ hào tóu bù shì yuán zhù
道舱、返回舱和附加段组成。神舟五号头部是圆柱
tǐ yǔ yǐ qián de fēi chuán xiāng bǐ zēng jiā le yǐn dǎo sǎn jiǎn sù sǎn de shǒu
体，与以前的飞船相比，增加了引导伞、减速伞的“手
dòng dàng yǐ biàn zì dòng dàng yí dàn shī líng shí jìn xíng shǒu gōng cāo zuò cóng
动档”，以便自动档一旦失灵时进行手工操作，从
ér jí dà de zēng jiā le ān quán xìng cǐ wài fēi chuán nèi hái jìn xíng le nèi
而极大地增加了安全性。此外，飞船内还进行了内
zhuāng huáng chōng mǎn le róu hé yuè mù de dàn huáng sè
装潢，充满了柔和、悦目的淡黄色。

宇宙魔法石

1961年，苏联最早实现了载人航天飞行，美国也在1962年成功地发射了载人飞船。而中国是继它们之后第三个成功实现载人太空飞行的国家哦！

载人飞船
的一部分

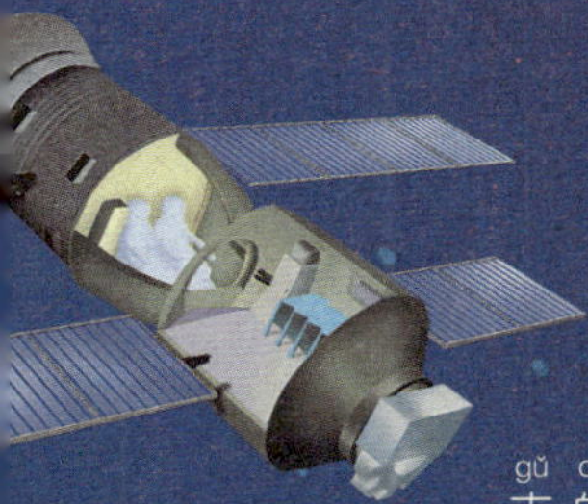

“飞天”梦圆

神舟五号升入太空后，在距离地球300多千米的轨道上环绕地球运行了14圈。于2003年10月16日，在内蒙古的主着陆场成功着陆，宇航员杨利伟顺利走出返回舱。这次飞行实现了中国人千年的“飞天”梦想，是中国人开发利用太空资源的一次有益探索，具有划时代的意义。

更加先进的神舟六号

2005年10月发射的神舟六号也是中国自主设计的。它比神舟五号更加先进，进行了110余项技术改进，包括飞行控制系统、应急模式以及飞船的发射和跟踪技术等都有了很大的提高。而且神舟六号飞船的内部环境要比神舟五号更舒适！

随神六升空的费俊龙和聂海胜

丰富的太空生活

乘坐神舟五号的杨利伟仅仅在太空停留了22个小时。在这期间，他并没有走出返回舱，身上的太空服也始终没有脱下。而费俊龙和聂海胜的太空生活则丰富了许多，他们在飞船里一共呆了119个小时，并且有机会脱下重达10千克的太空服，轻松地进行活动。两个人还打开座舱的舱门，进入轨道舱中进行了多项科学实验呢。

rén lèi zài tài kōng lǐ de jiā

人类在太空里的家

rén lèi zài tài kōng lǐ yě yǒu yī ge jiā zhè
“人类在太空里也有一个家，这
ge jiā jiù shì kōng jiān zhàn yǔ háng yuán kě yǐ zài
个家就是空间站。宇航员可以在
kōng jiān zhàn li shēng huó jǐ shí
空间站里生活几十
tiān jǐ ge yuè shèn zhì jǐ nián
天、几个月甚至几年，
jìn xíng tiān wén guān cè kē xué shí yàn děng
进行天文观测、科学实验等
děng xià miàn jiù ràng wǒ dīng dāng dài lǐng dà jiā
等。下面就让我叮当带领大家
qù cān guān cān guān ba
去参观参观吧！”

空间站

未来空间站

宇宙魔法石

“天空实验室”是美国于1973年建造的第一个空间站，主要功能就是进行医学、生物等科学实验，它可是美国第一位太空“员工”哦！

天空实验室是美国的第一个空间站。

空间站的组成

kōng jiān zhàn yī bān yóu qì zhá cāng guǐ dào cāng shēng huó cāng zhuān yòng
空间站一般由气闸舱、轨道舱、生活舱、专用
shè bèi cāng hé tài yáng diàn chí yì děng bù fen zǔ chéng guǐ dào cāng shì yǔ
设备舱和太阳电池翼等部分组成。轨道舱是宇
háng yuán de gōng zuò shì shēng huó cāng shì yǔ háng yuán de xiū xi qū
航员的工作室，生活舱是宇航员的休息区，
tài yáng néng diàn chí yì zhuāng zài kōng jiān zhàn de wài cè wèi kōng jiān
太阳能电池翼装在空间站的外侧，为空间
zhàn tí gōng diàn yuán
站提供电源。

礼炮1号空间站

礼炮1号空间站是人类在太空安的第一个家。它是苏联在1971年发射的空间站，标志着人类的航天事业进入了一个新阶段。不过，这个空间站只在太空中呆了不到六个月，完成任务后就坠毁在了太平洋的上空。

和平号空间站

人造天宫

苏联的第三代空间站——和平号空间站被誉为“人造天宫”。它的整体形状就像一束绽开的花朵。和平号空间站于1986年2月20日发射升空，在太空中工作了15年，绕地球飞行8万多圈、行程约35亿千米，于2001年3月完成了自己的历史使命，坠毁在预定海域。

空中国际大联合

建立国际空间站是1984年由美国提出来的一个计划，现在全世界已经有16个国家参与其中。目前，国际空间站的组成部分都陆续发射成功。最终建成的国际空间站可以乘载六名宇航员，规模超过了只能乘载三人的和平号空间站。

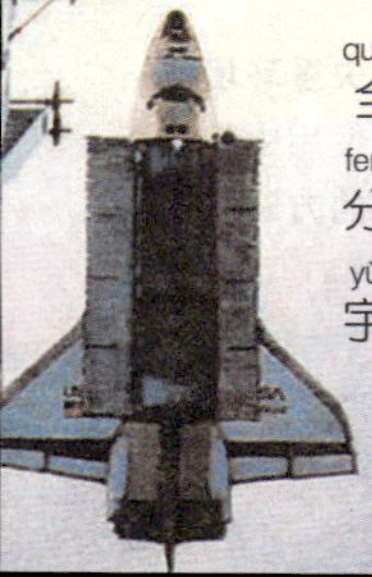

shī zhòng yǔ chāo zhòng

失重与超重

chéng zhe fēi chuán dào tài kōng zhōng fēi xíng kě bù
"乘着飞船到太空中飞行可不
shì yī jiàn róng yì de shì yào miàn lín xǔ duō de kùn nan
是一件容易的事，要面临许多的困难。
běn qī de yǔ zhòu tàn suǒ bào zhōng dīng dāng jiù yào wèi dà jiā jiè shào yī xià měi
本期的《宇宙探索报》中，叮当就要为大家介绍一下每
ge yǔ háng yuán dōu huì yù dào de qíng kuàng shī zhòng hé chāo zhòng
个宇航员都会遇到的情况：失重和超重。"

宇航员在大水池底进行适应性训练。

失重和超重现象

yǔ háng yuán zài háng tiān qì shēng kōng hé fǎn huí dì miàn shí yóu yú jiā sù dù de
宇航员在航天器升空和返回地面时，由于加速度的
yuán yīn huì jué de shēn shang yā zhe tè bié zhòng de dōng xi zhè zhǒng xiàn xiàng jiào
原因，会觉得身上压着特别重的东西，这种现象叫
chāo zhòng yǔ cǐ xiāng fǎn yǔ háng yuán zài tài kōng zhōng bù huì xiàng zài dì qiú
超重。与此相反，宇航员在太空中不会像在地球
shang yī yàng jiǎo tà shí dì ér shì zài kōng zhōng piāo lái piāo qù zhè shì yīn
上一样"脚踏实地"，而是在空中飘来飘去，这是因
wèi tài kōng zhōng méi yǒu zhòng lì
为太空中没有重力，
shì yī zhǒng shī zhòng de huán jìng
是一种失重的环境。

在失重的环境下，宇航员也可以表演杂技。

飘浮的世界

zài shī zhòng de huán jìng zhōng suǒ yǒu wù tǐ de zhì liàng dōu shì
在失重的环境中，所有物体的质量都是
líng dōng xi dōu piāo fú zài kōng zhōng bāo kuò shuǐ jǐ chū de
零。东西都飘浮在空中，包括水、挤出的
yá gāo yǔ háng yuán de tóu fa děng jiù lián shēn shang de yī fu
牙膏、宇航员的头发等，就连身上的衣服
dōu fú zài pí fū biǎo miàn ér qiě rú guǒ zhōu wéi
都浮在皮肤表面。而且如果周围
tōng fēng bù tài hǎo de huà rén shuì jiào shí hū chū de
通风不太好的话，人睡觉时呼出的
èr yǎng huà tàn hái huì duī jī zài bí zi zhōu wéi
二氧化碳还会堆积在鼻子周围，
zhè shí jiù xū yào huàn ge dì fang chóng xīn shuì
这时就需要换个地方重新睡。

宇宙魔法石

宇航员在地面上的时候，就要进行失重环境的适应性训练。有的使用重力飞机，有的使用中性水槽来模拟失重下的飘浮感觉，而最简单的方法就是连续几天头朝下、脚朝上地睡觉，非常有趣！

对人体的影响

失重和超重都会对人体造成一定的影响。在超重的情况下，人会出现晕厥、呼吸困难等现象。而失重的感觉和平时晕车、晕船时的感觉相似，人会头晕、恶心，严重的还会呕吐。因此，航天员在进入太空前都会接受超重力训练和无重力训练。

宇航员在太空中头发都会飘起来。

微重力环境

一个环境中的重力不可能完全消失为零重力。总还会剩下一点点重力，这样的环境就是微重力环境。载人航天器内就是这样的环境。在微重力环境中，对流、沉淀、浮力等现象都消失了，物质不受重力因素影响，因此，载人航天器可以说是进行精密实验的最佳场所。

飘浮在空中的宇航员

shén qì de yǔ háng yuán

神气的宇航员

yǔ háng yuán men kě yǐ chuān zhe shuài qì de yǔ háng fú jià shǐ zhe háng tiān
“宇航员们可以穿着帅气的宇航服，驾驶着航天
fēi chuán xīn shǎng tài kōng zhōng měi lì de jǐng sè zhēn shì shén qì yīn cǐ běn qī
飞船欣赏太空中美丽的景色，真是神气！因此，本期
de bào dào jiāo diǎn jiù duì zhǔn le yǔ háng yuán
的报道焦点就对准了宇航员，
xiāng xìn dú zhě men yī dìng huì xǐ huan
相信读者们一定会喜欢。”

宇航员的选拔

yīn wèi zài tài kōng zhōng shēng huó hé gōng zuò bǐ
因为在太空中生活和工作比
jiào jiān kǔ hé kū zào hái yào cāo zòng hěn duō
较艰苦和枯燥，还要操纵很多
jīng mì yí qì hé zhǎng wò duō zhǒng jì néng
精密仪器和掌握多种技能，
suǒ yǐ duì yǔ háng yuán de tiāo xuǎn
所以对宇航员的挑选
bì xū fēi cháng yán gé tiāo
必须非常严格。挑
xuǎn chū lái de rén yuán yào
选出来的人员要
jù yǒu liáng hǎo de shēn tǐ
具有良好的身体
sù zhì xīn lǐ sù zhì hé
素质、心理素质和
zhī shi shuǐ píng
知识水平。

在太空中行走的宇航员

宇航员在修理航天器。

宇航员的训练

当一个人被挑选成为宇航员之后，就要开始接受严格的训练了。宇航员的训练主要包括三个方面：学习关于航天的理论和基础知识；进行各种太空飞行、行走的模拟训练，掌握特殊技能；最后就是进行身体锻炼。

太空行走

太空行走是宇航员必须掌握的一种基本技能。因为人造卫星的回收修复、空间站的安装等工作都需要宇航员到舱外进行。不过他们在进行太空行走时都会携带一个保障自己在太空中生命安全的装置。

宇航员出舱进行太空行走。

特殊的服装——宇航服

为了适应太空中的特殊环境，科学家特意为宇航员们研制了宇航服。宇航服由15层合成纤维制成，衣裤、鞋和手套全部连在一起，密不透气。它是宇航员的生命保障，不但可以帮助宇航员减少重力影响，还能有效抵挡宇宙中的各种有害射线。

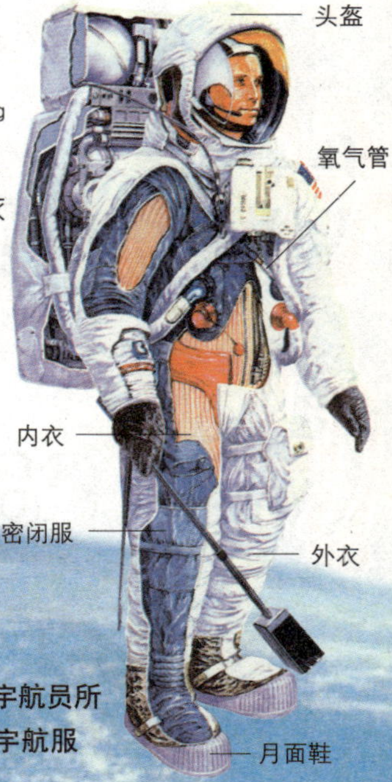

登月宇航员所穿的宇航服

宇宙魔法石

现在，有许多普通人也搭载航天器进入了太空，比如记者、教师、航天事业监管员等。将来人类还有机会作为游客进入太空。不过之前他们也要接受严格的挑选和训练哦！

宇宙探索报

2006

本期《宇宙探索报》地球航天事业跟踪观察员叮当，从太空发回的报道

新闻背景 独家专访

主编 严要求　　太阳系特派员 布海帕　　宇宙及银河系驻地记者 尤丽丝　　地球航天事业跟踪观察员 叮当

新地平线号探测器的冥王星之旅

2006 年 1 月 19 日下午 2 时，美国宇航局冥王星探测器——新地平线号搭载宇宙神－5 型火箭从佛罗里达州肯尼迪航天中心发射升空，预计将最早于 2015 年年中到达冥王星。冥王星是太阳系中离太阳最远和最小的行星，新地平线将是人类第一个造访冥王星的探测器。

特别报道

叮当

采访对象：

爱思考——美国天文局研究员

新地平线的主要任务是什么？

新地平线号探测器此行任务艰巨，它要负责测量冥王星和查龙的表面成分，描述它们的地质概貌和结构，了解冥王星大气构成、活动规律、表面特征，太阳喷发出的粒子如何与冥王星大气相互作用等多项内容。新地平线号探测器将会为这颗遥远而寒冷的星球描绘出一幅相对完整的图像，进而捍卫其日渐动摇的第九大行星地位。

新地平线号探测器约有钢琴大小，长 2.1 米，重 454 千克，由美国约翰 · 霍普金斯大学应用物理实验室设计制造。新地平线探测器共携带 7 种科研仪器，对冥王星展开为期 5 个月的探测。

新地平线将以每小时 7.5 万千米的速度飞跨太阳系。它将在与冥王星及其卫星“亲密”接触后，继续前行进入冥王星外的柯伊伯带，并且一去不复返。

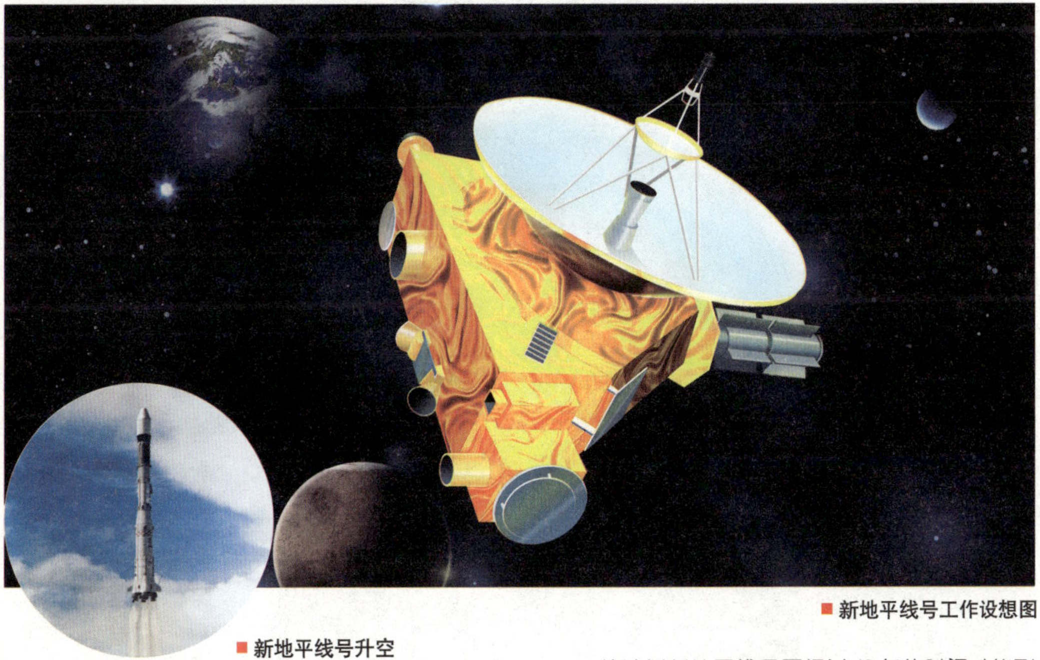

■ 新地平线号工作设想图

■ 新地平线号升空

由于冥王星离太阳太远，新地平线号无法使用太阳能，不得不依靠所携带的钚丸放射性衰变提供动力。40 多年来，这种核燃料发电机曾在 25 次太空探测中使用，其中包括 6 次探测月球的阿波罗飞行，以及两次探测火星的飞行。

按计划新地平线号要经过 10 年的时间才能到达冥王星。由于路途遥远，科学家设计让新地平线号在大部分飞行时间里处于“休眠”状态。但要求它每周向地球发一次信号，报告自己的身体状况。科学家将每年“唤醒”它一次，对其设备进行检查。

文/叮当

据说新地平线号还携带着一些特殊的物品，您给我们介绍一下它们是什么？

虽然孤身前往冥王星，但是新地平线号探测器此行并不孤单。它将为冥王星带去两件特殊的礼物，一件是美国国旗，另一件是一张 CD。CD 上刻有曾在“飞向冥王星”网站上签名的、大约 43 万份天文爱好者和网友的问候。

新闻背景

人类探测器在太阳系内“访亲”的历程：

一、水星：美国 1973 年 11 月 3 日发射水手 10 号探测器。

二、金星：苏联发射的金星 7 号于 1970 年 12 月 15 日到达金星。

三、火星：1965 年 7 月 14 日，美国水手 4 号探测器首次飞抵火星，掠过火星表面上空 9920 千米的地方。苏联的火星 3 号探测器于 1971 年 12 月 2 日成功登陆火星。

四、木星：1973 年 12 月 1 日，美国先驱者 10 号首次飞越木星。

五、土星：美国的双行星探测器先驱者 11 号于 1979 年 9 月 1 日首次飞越土星。

六、天王星：美国的旅行者 2 号探测器于 1977 年发射升空，按计划将飞越木星、土星、天王星和海王星。直到 1986 年 1 月 24 日，才飞经天王星。

图书在版编目（CIP）数据

宇宙探秘／龚勋主编．—汕头：汕头大学出版社，2012.1（2021.6重印）

ISBN 978-7-5658-0493-9

Ⅰ.①宇… Ⅱ.①龚… Ⅲ.①宇宙—少儿读物 Ⅳ.①P159-49

中国版本图书馆CIP数据核字（2012）第003500号

宇宙探秘

YUZHOU TANMI

总 策 划	邢 涛
主　　编	龚 勋
责任编辑	胡开祥
责任技编	黄东生
出版发行	汕头大学出版社 广东省汕头市大学路243号 汕头大学校园内
邮政编码	515063
电　　话	0754-82904613
印　　刷	唐山楠萍印务有限公司
开　　本	705mm×960mm 1/16
印　　张	10
字　　数	150千字
版　　次	2012年1月第1版
印　　次	2021年6月第7次印刷
定　　价	37.00元
书　　号	ISBN 978-7-5658-0493-9